课程｜实验｜题库

教育部产学合作协同育人项目成果教材
西普教育研究院 IT 前沿技术方向高校系列教材

language programming
C 语言
程序设计项目式教程

在线实验 + 在线自测

匡泰 时允田 主编

杜静 金国伟 林雪纲 副主编

U0309791

人民邮电出版社

北 京

图书在版编目（CIP）数据

C语言程序设计项目式教程 ：在线实验+在线自测 /
匡泰，时允田主编. -- 北京 ：人民邮电出版社，2017.10（2018.8重印）
ISBN 978-7-115-46377-7

Ⅰ．①C… Ⅱ．①匡… ②时… Ⅲ．①C语言—程序设
计—教材 Ⅳ．①TP312.8

中国版本图书馆CIP数据核字(2017)第219056号

内 容 提 要

本书以图形—动画—游戏为主线，将知识点融入项目中，较为全面地介绍了 C 语言基本语法知识和程序设计思想。全书共包括 9 个项目、20 个学习任务和 20 个实践训练，通过由浅入深的介绍，从画图入手，先学习和掌握 C 语言的基本语法知识和程序流程结构，再进一步学习图形动画的编程，逐步掌握编程方法和提升编程技巧。在此基础上，开始编写极富趣味性的小游戏，全面巩固和提高综合编程水平。

本书可以作为高职高专计算机相关专业和非计算机专业 C 语言课程的教材，也可以作为计算机软件编程培训班的教材，还适合广大计算机爱好者自学使用。

◆ 主　　编　匡　泰　时允田
　　副主编　杜　静　金国伟　林雪纲
　　责任编辑　左仲海
　　责任印制　马振武
◆ 人民邮电出版社出版发行　　北京市丰台区成寿寺路 11 号
　　邮编　100164　电子邮件　315@ptpress.com.cn
　　网址　http://www.ptpress.com.cn
　　大厂聚鑫印刷有限责任公司印刷
◆ 开本：787×1092　1/16
　　印张：13.25　　　　　　2017 年 10 月第 1 版
　　字数：304 千字　　　　2018 年 8 月河北第 2 次印刷

定价：39.80 元
读者服务热线：(010)81055256　印装质量热线：(010)81055316
反盗版热线：(010)81055315
广告经营许可证：京东工商广登字 20170147 号

前 言 FOREWORD

编写目的

C 语言是目前工程教育中较为基本，也是较为核心的课程。读者想要学会利用 C 语言去解决实际问题，单凭编写一些简单的小程序是无法解决的。初次接触 C 语言，我们要按照 C 语言的知识体系去学习和实践。

学习 C 语言的真正目的就是会用 C 语言，让语言为编程服务，C 语言实际上就是一个利用计算机去解决问题的工具。本书以图形—动画—游戏为主线，采用"教、学、做一体化"的项目式教学方法，按"学做合一"的指导思想，引入 CDIO 工程教育方法，在完成技术讲解的同时，对读者提出相应的自学要求，并加以指导。读者在学习本书的过程中，不仅了解了快速入门的基本技术，而且能按工程化实践要求进行项目开发，实现相应功能。

本书作者有着多年的实际项目开发经验，并有着丰富的高职高专教育教学经验，完成了多轮次、多类型的教育教学改革与研究工作。本书在编写过程中，着重"淡化语法，强调应用"，从富有趣味性的图形—动画—游戏入手，力求把枯燥无味的语法讲得生动、具体，让学生明白如何分析并解决实际问题，逐渐培养学生具备程序设计的思维模式，并把重点放在程序设计的方法探究上。

平台支撑

为了让广大学习者能够快速入门，本书以实践案例为主线，通过遵循书中案例的操作步骤，完成一个个实验案例，来学习 C 语言开发技术。同时，北京西普阳光教育科技股份有限公司（简称西普教育）开发的在线教育平台——实验吧（ http://www.shiyanbar.com ），提供了强大的集成实验环境及海量的在线教学资源，把配套的实验搬到线上，可以让读者更方便地结合本书进行实践。

1. 如何学习本书中的配套实验课程

（1）购买本书后，找到粘贴在本书封底的刮刮卡，刮开并获得学号。

（2）登录实验吧网站（www.shiyanbar.com），完成网站注册。

（3）登录人邮学院在线实验中心（rymooc.shiyanbar.com），输入在实验吧注册的账户及密码，完成登录（见图1）。

（4）输入刮刮卡中的学号、姓名填写"人邮学院"，单击"保存"按钮，完成绑定（见图2）。

（5）完成绑定后，自动登录进入在线实验中心，开始学习本书配套的课程资源。

图1　登录在线实验平台　　　　　　图2　绑定学生信息

2. 如何学习本书中配套练习题

实验吧教研团队为本书配套了丰富的课后练习题，读者通过扫描本书各项目里配套的习题二维码，即可进行在线自测，提交后自动判断正误，并提供正确答案（见图3）。

本书特点

1. 内容选择凸显趣味

在内容上，我们选择了图形、动画和游戏等编程内容，极大地提升了读者学习编程的兴趣，改变了以往学习编程偏于枯燥乏味的现象。

2. 项目驱动融会贯通

实践训练都是在课程项目的基础上进行的，是已有项目及任务的拓展，是在掌握现有知识和技能基础上的提高，是融会贯通的过程。

3. 知识重构重在任务

以往教学通常都是围绕着知识点进行的，知识点既是学习的目标也是学习的线索，课程以知识点贯穿始终，这

图3　在线测试

种方式的教与学比较适合理论课程的学习，而不适合技能型和实践性课程的学习。C语言程序设计是实践性很强的课程，以项目及任务驱动方式来学习是非常好的手段，课程围绕任务展开学习，知识点依据任务的需要重新组织和架构，体现了灵活应用知识点的特点。

4. 知识学习融入项目

在课程学习的过程中，我们紧紧围绕着项目展开，考核的目标以完成项目任务为标准，强调的是知识的应用，并营造知识学习的情景，使学生在具体的情景中学习知识和掌握知识，将知识融入项目之中。

本书由匡泰、时允田任主编，杜静、金国伟、林雪纲任副主编。由于编者水平有限，书中难免存在疏漏之处，殷切希望广大读者批评指正，编者将不胜感激，E-mail：8406145499@qq.com。

编者

2017 年 5 月

目 录 CONTENTS

项目 一 搭建 C 语言图形编程环境

学习目标

- 掌握 C 语言的基本知识
- 掌握 C 语言程序的开发流程
- 搭建 C 语言图形编程环境

项目描述

本项目将学习 C 语言的基本知识，完成 C 语言图形编程环境的搭建，重点是使用 printf 语句输出字符图形。

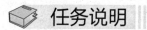 VC6.0 集成开发环境的搭建及图形库的安装

任务说明

Visual C++ 6.0，简称 VC 或者 VC6.0，是微软推出的一款 C++编译器，是将"高级语言"翻译为"机器语言（低级语言）"的程序。Visual C++是一个功能强大的可视化软件开发工具。EasyX 是针对 C++ 的图形库，可以帮助 C 语言初学者快速学习图形的制作和游戏的编程。VC6.0 和 EasyX 的图标如图 1-1 所示。

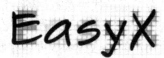

图 1-1　VC6.0 和 EasyX 的图标

相关知识

1.1　C 语言简述

C 语言是由 UNIX 的研制者——丹尼斯·里奇（Dennis Ritchie）于 1970 年在肯·汤普逊（Ken Thompson）研制的 B 语言的基础上发展和完善起来的。C 语言是世界上较流行的、使用较为广泛的高级程序设计语言之一。

（1）C 语言的历史

C 语言的发展颇为有趣，它的原型为 ALGOL 60 语言。1963 年，剑桥大学将 ALGOL 60

语言发展成为 CPL（Combined Programming Language）语言。1967 年，剑桥大学的马丁·理查德（Matin Richards）对 CPL 语言进行了简化，于是产生了 BCPL 语言。1970 年，美国贝尔实验室的肯·汤普逊将 BCPL 语言进行了修改，并为它起了一个有趣的名字"B 语言"，意思是将 CPL 语言"煮干"，提炼出它的精华，并且他还用 B 语言写了第一个 UNIX 操作系统。而在 1973 年，B 语言也给人"煮"了一下，美国贝尔实验室的丹尼斯·里奇（Dennis Ritchie）在 B 语言的基础上最终设计出了一种新的语言，他取了 BCPL 的第二个字母作为这种语言的名字，这就是 C 语言。为了使 UNIX 操作系统便于推广，1977 年，丹尼斯·里奇发表了不依赖于具体机器系统的 C 语言编译文本《可移植的 C 语言编译程序》。1978 年，布朗（Brian W.Kernighian）和丹尼斯·里奇出版了《C 程序设计语言》（*The C Programming Language*），从而使 C 语言成为目前世界上流行广泛的高级程序设计语言之一。

（2）C 语言的特点

① 简洁紧凑、灵活方便

C 语言一共只有 32 个关键字，9 种控制语句，程序的书写自由，主要用小写字母表示。它是把高级语言的基本结构和语句与低级语言的实用性结合起来的。C 语言可以像汇编语言一样对位、字节和地址进行操作，而这三者是计算机最基本的处理单元。

② 运算符丰富

C 语言共有 34 个运算符。C 语言把括号、赋值、强制类型转换等都作为运算符处理，从而使 C 语言的运算类型极其丰富，表达式类型多样化。灵活地使用各种运算符可以实现在其他高级语言中难以实现的运算。

③ 数据结构丰富

C 语言的数据类型有：整型、实型、字符型、数组类型、指针类型、结构体类型、共用体类型等，能用来实现各种复杂的数据类型的运算，并引入了指针概念，使程序的执行效率更高。另外，C 语言还具有强大的图形功能，支持多种显示器和驱动器，且计算和逻辑判断功能强大。

④ C 语言是结构式语言

结构式语言的显著特点是代码及数据的分隔化，即程序的各个部分，除了必要的信息交流外彼此独立。这种结构化方式可使程序层次清晰，便于使用、维护以及调试。C 语言是以函数形式提供给用户的，这些函数可以方便地调用，并具有多种循环和条件语句控制程序流向，从而使程序完全结构化。

⑤ C 语言语法限制不太严格、程序设计自由度大

一般的高级语言语法检查比较严，能够检查出几乎所有的语法错误。而 C 语言允许程序编写者有较大的自由度。

⑥ C 语言程序生成的代码质量高，程序执行效率高

C 语言程序生成的代码一般只比汇编程序生成的目标代码效率低 10%～20%。

⑦ C 语言适用的范围大，可移植性好

C 语言有一个突出的优点就是适用于多种操作系统，如 DOS、UNIX，也适用于多种机型。

1.2　C 语言程序的开发流程

开发 C 语言程序的步骤如下。

（1）编写（把程序代码输入，交给计算机）

（2）编译（生成目标程序文件.obj）

编译就是把高级语言变成计算机可以识别的二进制语言，计算机只认识 1 和 0，编译程序是把人们熟悉的语言转换成二进制语言。编译程序把一个源程序翻译成目标程序的工作过程分为 5 个阶段：词法分析、语法分析、语义检查和中间代码生成、代码优化、目标代码生成。其中，主要工作是进行词法分析和语法分析，又称为源程序分析，分析过程中发现有语法错误时，给出提示信息。

（3）链接（生成可执行程序文件.exe）

链接是将编译产生的.obj 文件和系统库连接，装配成一个可以执行的程序。由于在实际操作中可以直接单击 Build 从源程序中产生可执行程序，有人就会思考：为何要将源程序翻译成可执行文件的过程分为编译和链接两个独立的步骤？之所以这样做，主要是因为：在一个较大的复杂项目中，有很多人共同完成一个项目（每个人可能承担其中的一部分模块），其中有的模块可能是用汇编语言写的，有的模块可能是用 VC 写的，有的模块可能是用 VB 写的，有的模块可能是购买的（不是源程序模块而是目标代码）或已有的标准库模块，因此，各类源程序都需要先各自编译成目标程序文件（二进制机器指令代码），再通过链接程序将这些目标程序文件连接，装配成可执行文件。

（4）运行（可执行程序文件）

C 语言程序的运行过程如图 1-2 所示。

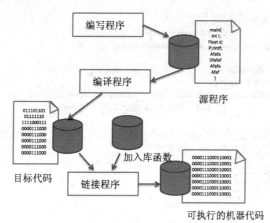

图 1-2　程序的运行过程

🌐 任务实施

（1）下载 VC6.0 和 EasyX_2014 冬至版

由于 VC6.0 的版本很多，有专业版、企业版等。读者可自行下载。

EasyX_2014 冬至版可到官网：http://www.easyx.cn/downloads/下载，当然也可通过百度搜索来下载。另外还可以在网上下载 EasyX_Help.chm 帮助文件，里面有关于图形函数的详细说明，方便在编写程序时使用和借鉴。

（2）安装 VC6.0 和 EasyX_2014 图形库

将下载的 VC6.0.rar 解压后，可看到如图 1-3 所示的目录文件。双击 sin.bat 文件，运行该可执行文件，会自动创建一个 VC6.0 快捷方式到你的桌面，如图 1-3 所示。双击 VC6.0 快捷图标，弹出如图 1-4 所示对话框，选择"不再显示此消息"复选框，单击"运行程序"按钮，进入 VC6.0 集成开发环境，如图 1-5 所示。

图 1-3　VC6.0 目录文件和桌面 VC6.0 快捷图标

图 1-4　"程序兼容性助手"对话框

图 1-5　VC6.0 集成开发环境

将下载的 EasyX_2014.rar 解压后，可看到如图 1-6 所示的目录文件，双击 Setup.hta 可执行文件，弹出安装向导窗口，如图 1-7 左图所示，单击 下一步 按钮，弹出执行安装操作，如图 1-7 右图所示，单击 安装 按钮，如果无错误的话，将会弹出安装成功对话框，完成安装。

图 1-6　EasyX 根目录下的文件

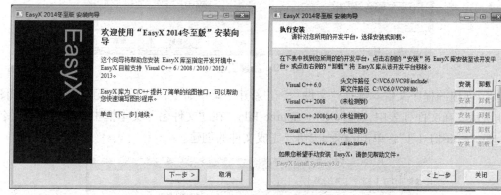

图 1-7　EasyX 2014 冬至版安装向导和执行安装窗口

（3）环境测试

① 打开 VC6.0 集成开发环境，如图 1-8 所示，它由菜单和工具栏、项目工作窗口、代码编辑窗口和输出信息窗口等构成。

图 1-8　VC6.0 集成开发环境

② 创建工程。打开 VC6.0 集成开发环境，选择"文件"→"新建"菜单命令，打开"新建"对话框，如图 1-9 所示。在工程列表中，选择 Win32 Console Application，在"工程名

称"文本框中，输入新工程的名称，如"c_paint1"，单击 确定 按钮，完成工程的创建。

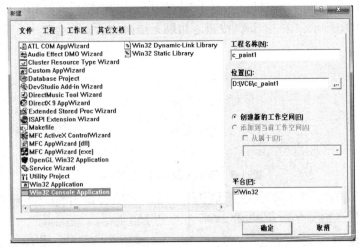

图 1-9　新建工程

③ 创建源程序文件。选择"文件"→"新建"菜单命令，打开"新建"对话框，如图 1-10 所示。在文件列表中，选择 C++ Source File，在"文件名"文本框中，输入源程序名称，如"c_task1-1-1"，单击 确定 按钮，完成文件的创建。

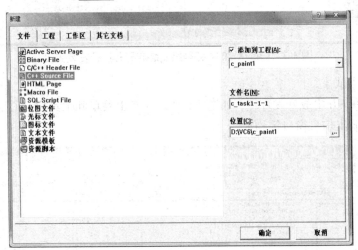

图 1-10　新建文件

在编辑区输入如下代码：

【例 c_task1-1-1】

```c
#include <graphics.h>
#include <conio.h>
void main(){
    initgraph(640, 480);
    circle(200,200,150);
    getch();
```

```
closegraph();
}
```

④ 编译、链接及运行。在如图 1-11 所示的 VC6.0 集成开发环境中，单击工具栏上的"编译图标"→"链接图标"，如果无错误，在下面信息输出窗口中可看到"0 error(s)，0 warning(s)"，即没有错误，单击工具栏上的"运行图标"执行程序，如果得到如图 1-12 所示的结果，即一个白色线框圆，则说明集成开发环境已搭建成功。

图 1-11　VC6.0 集成开发环境

图 1-12　程序运行结果

实践训练

搭建 VC6.0 集成开发环境。

要点分析：

① 在前面已经学习了 C 语言的一些基本知识，初步了解了 C 语言程序执行的过程，但学习程序设计，关键还是要不断地练习和实践，因此搭建集成开发环境就成为学习的首要条件，同时还要掌握编程环境的安装和配置方法。

② 关键步骤，下载 VC6.0 和 EasyX_2014 冬至版→安装 VC6.0→安装 EasyX_2014→输入已有的程序代码→编译运行程序。

任务二　使用 printf 语句在屏幕上输出字符图案

任务说明

对于初学者来说，学习 C 语言，使用的第一个语句就是 printf。本任务就是使用 printf 语句输出平行四边形的字符图案，如图 1-13 所示。

图 1-13　由 "*" 字符组成的平行四边形图案

相关知识

1.3　C 语言程序的结构

C 语言程序由函数构成（C 语言是函数式的语言，函数是 C 语言程序的基本单位），每一个函数完成独立的功能，其中至少有一个主函数（main 函数）。main 函数是每个程序执行的起始点，一个函数由函数首部和函数体两部分组成。

【例 c_task1-2-1】

```
#include<stdio.h>                     //引入标准输入/输出头文件
void main(){                          //主函数
    printf("欢迎进入 C 语言的世界！");   //调用输出函数在屏幕上输出信息
}
```

【例 c_task1-2-1】看上去很简单，却体现了 C 语言程序最基本的程序框架。一个程序分为两部分：第一部分为"编译预处理"，形如本例中的程序段：

```
#include<stdio.h>
```

第二部分为"函数组"，形如本例中的程序段：

```
void main(){
    printf(("欢迎进入 C 语言的世界！");
}
```

"编译预处理"以"#"开头，其作用是为程序的编写预先准备一些资源信息，供后续程序使用。

【例 c_task1-2-1】中的"编译预处理"部分只有一条命令#include<stdio.h>，其含义是在程序中包含标准输入/输出头文件"stdio.h"，该头文件中声明了输出和输出库函数及其他信息，这意味着在后面的程序中将用到该文件中的库函数以实现数据信息的输入/输出。换句话说，如果把"stdio.h"看作一个电工的工具箱，那么每个"输入/输出库函数"就是工具箱中的电工工具，如果电工上岗前不带上工具箱，在工作时就没有工具可使用。

"函数组"由多个函数构成，函数是构成 C 语言程序的基本单位，多个函数共同协作完成程序要实现的功能。在函数组中有且仅有一个主函数 main()，整个程序的执行从主函数开始，以主函数为核心展开，函数组中除了主函数外，还包括库函数和用户自定义的函数。

【例 c_task1-2-1】中的"函数组"只有一个函数，即主函数 main()，主函数调用库函数 printf()，在屏幕上输出"欢迎进入 C 语言的世界！"信息。要使用库函数 printf()必须做好预先准备工作，所以在程序的开始位置出现了"编译预处理"命令——头文件包含命令 #include<stdio.h>。

除了主体框架的"编译预处理"和"函数组"以外，在程序中允许为程序添加注释，以增强程序的可读性。【例 c_task1-2-1】中以"//"为起始的文字描述就是程序的注释，也可以使用"/*"和"*/"作为多行注释的起始和终止符号。

1.4 C 语言程序的组成

如同文章由字、词、句子、段落逐级构成一样，C 语言程序由标识符、语句、函数等表达式构成，最终形成完整的 C 语言程序代码。

（1）标识符

标识符就是程序员自己起的名字，不过，名字也不能随便起，C 语言规定，标识符只能由字母(A~Z, a~z)、数字(0~9)和下划线(_)组成，并且第一个字符必须是字母或下划线，如图 1-14 所示，都是合法的标识符。

a, x, x3,
BOOK_1, sum5

图 1-14 合法标识符

标识符有关键字、预定义标识符和用户自定义标识符 3 类。

① 关键字。是由 C 语言规定的具有特定意义的字符串，通常也称为保留字，例如 int、char、long、float、unsigned 等。我们定义的标识符不能与关键字相同，否则会出现错误。

② 预定义标识符。是指已经被 C 语言系统预先定义好的具有特定含义的标识符，如程序代码中的函数 printf。

③ 用户自定义标识符。用户可以自定义标识符，用于标识某个量的符号。

（2）语句

语句由表达式加";"号组成，如"x+y;"。

（3）函数

C 语言函数用来编译 C 语言，有数学函数、操作函数等多种。

1.5 printf 语句的使用

使用 printf 时在程序开头要有如下句子：#include<stdio.h>或#include "stdio.h"，其作用已在前面说明。

（1）用 printf 输出字符串

用 printf 输出一个固定的字符串时，可以采用如下格式：

```
printf("要输出的字符串");
```

printf 用于输出信息时，信息必须放在一对双引号中，放在一对双引号中的内容被称为一个字符串。输出一个字符串时，双引号本身不会在屏幕上显示，双引号中的普通字符串会原样输出。比如，使用语句"printf("hello,world");"可在屏幕上输出如图 1-15

所示的结果；使用语句"printf("我在写程序");"可在屏幕上输出如图 1-16 所示的结果。

hello,world

图 1-15　输出"hello, world"

我在写程序

图 1-16　输出"我在写程序"

（2）函数与库函数的概念

printf 使用时后面总是跟着一对圆括号，像这种一个名称后面跟着一对圆括号的情况，在 C 语言中表明它是一个函数，圆括号内的内容称为函数的参数。一个函数能完成某种特定的功能，不同的函数功能是不同的。编写 C 语言的程序一般会用到多个函数。printf 是一个由系统提供的函数，称为库函数。

（3）输出特殊字符

printf 输出的信息中经常包含一些特殊字符，比如"换行符"。换行符用"\n"表示。需要注意的是，"\n"不是两个字符，而是一个字符，它表示此后的内容将换行显示。

【例 c_task1-2-2】

```
#include <stdio.h>
main(){
    printf("你在干什么? \n");
    printf("我正在编程。\n");
}
```

程序运行时将输出如图 1-17 所示的结果。

上面程序中的两个 printf 可以合并为一个，效果完全一样，程序如下。

图 1-17　程序输出结果

【例 c_task1-2-3】

```
#include <stdio.h>
main()
{
    printf("你在干什么? \n 我正在编程。\n");
}
```

与\n 类似的特殊字符还有几个，通常我们称之为转义字符，如表 1-1 所示。

表 1-1　常见的转义字符

表示形式	含　　义
\n	回车换行（将光标移到下一行开头）
\t	横向跳格（Tab）
\b	退格（将光标前移一列）
\f	换页（FF），将当前位置移到下页开关
\a	响铃（BLL）警告（产生声音提示信号）
\\	输出反斜杠\
\'	输出单引号'
\"	输出双引号"

下面是一个使用输出特殊字符的示例。

【例 c_task1-2-4】

```
#include <stdio.h>
main()
{
    printf("\\你在\t干什\t么？\n我\\正在\"编程\"。\n");
}
```

程序运行时将输出如图 1-18 所示的结果。

图 1-18　程序输出结果

任务实施

（1）画示意图

在 SmartDraw 软件中画一张草图，如图 1-19 所示，图中第二行、第三行至最后一行，每一行按顺序多了一个空格、两个空格……最后一行是四个空格，我们用短横杠表示空格。

图 1-19　平行四边形示意图

（2）创建工程

先打开 VC6.0 集成开发环境，选择"文件"→"新建"菜单命令，打开"新建"对话框，如图 1-20 所示。在工程列表中，选择 Win32 Console Application，在"工程名称"文本框中，输入新工程的名称，如"c_paint1"，单击 确定 按钮，完成工程的创建。当然也不是每一次都需要创建工程，如果在原有的工程中创建源程序文件，只需要打开原有的工程即可。

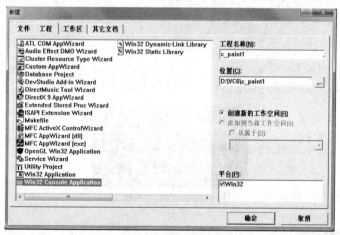

图 1-20　新建工程

（3）创建源程序文件

选择"文件"→"新建"菜单命令，打开"新建"对话框，如图 1-21 所示。在文件列

11

表中，选择 C++ Source File，在"文件名"文本框中，输入源程序名称，如 c_practice1-2-1，单击 确定 按钮，完成文件的创建。

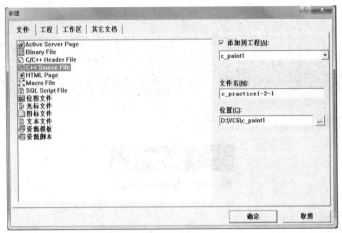

图 1-21　新建文件

（4）编写程序代码

在代码编辑区输入以下代码。

【例 c_practice1-2-1】

```
/*输出平行四边形图案*/
#include <stdio.h>
void main(){
    printf("* * * * * * * * * *\n");          //双引号中的普通字符串原样输出
    printf(" * * * * * * * * * *\n");
    printf("  * * * * * * * * * *\n");
    printf("   * * * * * * * * * *\n");
    printf("    * * * * * * * * * *\n");
}
```

（5）编译程序并运行

编译程序，如果无错误，单击运行，运行结果如图 1-22 所示。

图 1-22　程序运行结果

🔍 **实践训练**

（1）输出一个"心形"图案，如图 1-23 所示。

图 1-23　"心形"图案示意图

12

要点分析：

① 就是用 printf 语句输出由"*"字符和空格字符组成的字符串，关键问题是计算好"*"字符和空格字符之间的位置，用多条 printf 语句输出相对容易一些。

② 输出的关键步骤，用 SmartDraw 软件画坐标草图→创建工程（如果事先已创建，可省略此步骤）→创建源程序文件→编写程序代码→编译改错→运行程序。

（2）输出由"*"构成的"你"字图案，如图 1-24 所示。

图 1-24　"你"字图案

扫一扫在线测

项目 二 使用循环结构输出字符图案

学习目标

- 掌握 C 语言的数据类型
- 掌握 C 语言的数据操作
- 掌握 if-else 选择结构
- 掌握循环结构

项目描述

本项目将学习 C 语言的数据类型和数据操作，重点是使用 while 循环结构输出字符图形。

任务一 使用循环结构在屏幕上输出平行四边形图案

任务说明

在程序设计中，循环结构是非常重要的，也是不可或缺的程序设计结构。在本次任务中，我们使用循环结构在屏幕上输出如图 2-1 所示的平行四边形，其关键是要找到每一行输出的规律，以便使用循环结构实现。

图 2-1 平行四边形图案

相关知识

2.1 基本数据类型

一个厨师在制作美味佳肴时，首先要选择各类食材，而不同的食材又有不同的处理方式，烹饪出美味佳肴的制作流程，如图 2-2 所示。

与之类似，使用 C 语言处理数据信息时，也需要明确数据到底是什么类型的，以便分配合适的存储空间，并按照相应的规则进行操作。所以在程序编写时要对数据进行明确的类型说明。

图 2-2　美味佳肴制作流程

C 语言的基本数据类型如图 2-3 所示。

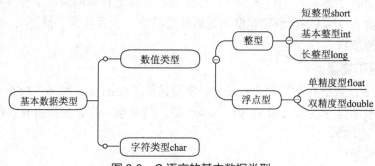

图 2-3　C 语言的基本数据类型

（1）整型

整型又分为有符号（正或负）类型及无符号类型。各种整数类型的符号表示、所占存储空间的大小及数的范围如表 2-1 所示。

表 2-1　整型数据

名　称	符　号	存储空间/B	数的范围
短整型	short	2	-32768~+32767
基本整型	int	2	-32768~+32767
		4	-2147483648~+2147483647
长整型	long	4	-2147483648~+2147483647
无符号短整型	unsigned short	2	0~65535
无符号基本整型	unsigned int	2	0~65535
		4	0~4294967295
无符号长整型	unsigned long	4	0~4294967295

基本整型和无符号基本整型在 VC6.0 环境中占 4B（32 位）存储空间，而在 Turbo C 环境中，则占 2B 存储空间。

（2）浮点型

浮点型又分单精度和双精度。其符号表示、所占存储空间的大小、有效数字及数的范围如表 2-2 所示。

表2-2　浮点型数据

名称	符号	存储空间/B	有效数字	数的范围
单精度浮点型	float	4	6~7	$3.4×10^{-38}$~$3.4×10^{38}$
双精度浮点型	double	8	15~16	$1.7×10^{-308}$~$1.7×10^{308}$

（3）字符型

字符型用 char 表示，占 1B（8 位）存储空间，实际上存放的是该字符所对应的 ASCII 码值（一个整数），所以字符型和整型的关系非常特殊，二者经常"混搭"，也就是说字符型本质上就是整型数。

2.2　常量和变量

在 C 语言中，数据有常量和变量之分。常量是值不变的量，如–6、3.56 等。变量是值会变的量，一般用符号表示，如 a、y1、salary 等。与常量一样，变量也有各种类型，如整型变量、实型变量等。

（1）直接常量

① 整型常量。有十进制、八进制、十六进制 3 种表示方式，如表 2-3 所示。整型常量默认为基本整型，可以在整型常量后加小写字母"l"或大写字母"L"得到相应的长整型常量。

表2-3　整型常量的表示方式

名　称	前置符号标志	构　成	示　例
十进制	无	0~9，正负号	65，-57
八进制	0	0~7，正负号	032，027，-021
十六进制	0x	0~9，a~f（或 A~F），正负号	0x303，0x6fa

② 浮点型常量。有十进制小数和指数形式两种表示方式，如表 2-4 所示。

表2-4　浮点型常量的表示方式

表示方式	符号标志	构　成	示　例	规　则
十进制小数	小数点"."	0~9，正负号，小数点	1.45，.35，-2.0	必须有唯一的小数点
指数	e 或 E	0~9，正负号，e 或 E	2.3e3，5.32E6	字母 e 或 E 前必须有数，e 或 E 后必须为整数

③ 字符型常量。用西文单引号括起来的单一字符称之为字符型常量。如"'a'""'B'""'9'""'#'"是合法的字符型常量。

④ 字符串常量。用西文双引号括起来的一串字符序列，字符串中含有的字符个数是该字符串的长度。如""大家好！""""I am a student.""。

（2）符号常量

符号常量是指用符号代表某个常量。如"#define PI　3.14"，就是定义了 PI 作为符号常量，其值为 3.14，且在程序中，PI 的值不能再改变。

（3）变量

变量在使用之前要先定义。定义的格式如下：

数据类型　变量名1，变量名2，……

数据类型有很多，如 int 代表整型，float 代表单精度实型，double 代表双精度实型，long 代表长整型，char 代表字符型等。double 比 float 具有更大的范围及更高的精度，long 比 int 具有更大的范围。下面是几个变量定义的例子：

```
int u,v;  /*这里定义了两个变量 u 和 v，它们都是整型变量*/
float me,you,x1;   /*这里定义了三个变量 me、you 和 x1，它们都是实型变量*/
```

2.3　数据操作

（1）运算符与表达式

C 语言中规定了各种运算符号，它们是构成 C 语言表达式的基本元素。运算是对数据加工的过程，用来表示各种不同运算的符号称为运算符。C 语言提供一组相当丰富的运算符，除了一般高级语言具有的算术运算符、关系运算符、逻辑运算符外，还提供了赋值运算符、位运算符和自增/自减运算符等。本节介绍最为常用的算术运算符和赋值运算符及其表达式，其他运算符在以后的项目中会陆续学到。

① 算术运算符和表达式。常见的算术运算符如表 2-5 所示。

表 2-5　常见算术运算符

运算符	名　称	举　例	结　果	说　明
+	加法运算符	a+b	a 与 b 的和	无
-	减法运算符	a-b	a 与 b 的差	无
*	乘法运算符	a*b	a 与 b 的积	乘法运算以 "*" 代替
/	除法运算符	a/b	a 除以 b 的商	除法运算以 "/" 代替，注意：两个整数相除的结果为整数，如 3/2 的结果为 1，舍去小数部分
%	求余运算符	a%b	a 除以 b 的余	求余运算%仅用于整数之间的运算，若存在正负数，则余数的正负号与被除数相同，如-3%2 的结果为-1
++	自增 1 运算符	a++或++a	使 a 的值加 1	++和--为单目运算，且只能用于单一变量运算； ++a 和--a，是在使用 a 之前，先使 a 的值加 1 或减 1； a++和 a--，是在使用 a 之后，再使 a 的值加 1 或减 1
--	自减 1 运算符	a--或--a	使 a 的值减 1	

用运算符和括号将运算对象（常量、变量和函数等）连接起来的，符合 C 语言语法规则的式子，称为表达式。单个常量、变量或函数，可以看作是表达式的一种特例。将单个常量、变量或函数构成的表达式称为简单表达式，其他则称之为复杂表达式。例如，3+6*9、

(x+y)/2-1 等，都是算术表达式。

② 赋值运算符和表达式。赋值符号"="就是赋值运算符，它的作用是将一个表达式的值赋给一个变量。赋值运算符的一般形式为：变量=赋值表达式，例如，x=5。如果表达式值的类型与被赋值变量的类型不一致，但都是数值型或字符型时，系统会自动地将表达式的值转换成被赋值变量的数据类型，然后再赋值给变量。

【例 c_task2-1-1】

```
int x;    //定义 x 为整型变量
x=2.6;    /*将浮点数 2.6 赋给变量 x，由于 x 是整型变量，所以系统自动将
          2.6 取整赋给 x，最终 x 变量的值是 2*/
```

（2）数据类型转换

在 C 语言中，数据的类型可以转换。当整型转换为实型时，小数点后加 0；实型转换为整型时，舍弃小数点及其后面的部分。如整数 15 转换为实型时结果是 15.0，实型数 6.91 变为整型数时结果是 6。

在算术运算时，如果运算符两边一个是整型数，另一个是实型数，整型数要转换为实型数进行运算。如计算 5.0/2 时，2 要先转换为 2.0，结果是 2.5。这种转换是编译系统自动完成的，其转换规则如图 2-4 所示。其中"↑"方向表示当运算对象为不同类型时转换的方向，如 int 类型和 double 类型数据进行运算，则 int 类型数据会转换成 double 类型数据。

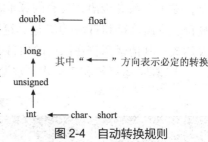

图 2-4　自动转换规则

在 C 语言中，还可以把一种类型的数据强制转换为另一种类型的数据。如下面两个例子。

① 表达式(int)2.6 的结果是 2，而不是 3。

② 执行"double a=3.14; int b; b=(int)a;"语句后，变量 b 的值为 3，变量 a 的值还是 3.14，并且变量 a 的类型也不改变，依旧是 double 类型。

（3）算术运算符优先级

算术运算符优先级如表 2-6 所示。

表 2-6　算术运算符优先级

优先级	运算符	名称或含义
1	()	圆括号
2	++	自增运算
	--	自减运算
3	*	乘
	/	除
	%	取余
4	+	加
	−	减

2.4　while 循环结构

循环结构与顺序结构、选择结构构成了程序设计的三种基本流程结构。循环结构的用途是重复执行某一段程序，这段反复被执行的程序段称为循环体。判断循环体是不是继续重复执行取决于循环条件，循环条件成立则循环继续，否则终止，其流程示意图如图 2-5 所示。

while 结构也是一种循环结构，其一般形式为：

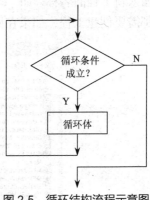

图 2-5　循环结构流程示意图

```
while（循环条件）
{
    循环体
}
```

流程：当判断循环条件为真时，便执行循环体。不断重复此过程，直到条件为假时才结束循环，如图 2-5 所示。

如果在循环结构的循环体中又包含有另一个循环结构，称为循环的嵌套，也称为二重循环。嵌套的循环结构里面可以继续嵌套循环结构，构成了多重循环。在多重循环结构中，内层的循环又称为内循环，外层的循环又称为外循环。一个二重循环的一般形式为：

```
while（循环条件）
{   while（循环条件）{
        循环体
    }
}
```

【例 c_task2-1-2】已知一个整数 x，求组成整数 x 的各位数的和 s（如 2645，s=2+6+4+5）。

分析：通过多次的除 10 能够使其他的位数变为个位数，而通过除 10 取余数则能取出个位数。

```
s=0;
while(x!=0){
    s=s+x%10;
    x=x/10;
}
```

🦕 任务实施

（1）画示意图

在 SmartDraw 软件中画一张草图，如图 2-6 所示，应注意，图中第二行、第三行至最后一行，每一行顺序多了一个空格、二个空格……最后一行是四个空格，在此，我们用短横杠表示空格。

图 2-6　平行四边形示意图

（2）创建工程

打开 VC6.0 集成开发环境，选择"文件"→"新建"菜单命令，打开"新建"对话框，如图 2-7 所示。在工程列表中，选择 Win32 Console Application，在"工程名称"文本框中，输入新工程的名称，如"c_paint1"，单击 确定 按钮，完成工程的创建。当然也不是每一次都需要创建工程，如果在原有的工程中创建源程序文件，只需要打开原有工程。

图 2-7　新建工程

（3）创建源程序文件

选择"文件"→"新建"菜单命令，打开"新建"对话框，如图 2-8 所示。在文件列表中，选择 C++ Source File，在"文件名"文本框中，输入源程序名称，如 c_practice2-1-1，单击 确定 按钮，完成文件的创建。

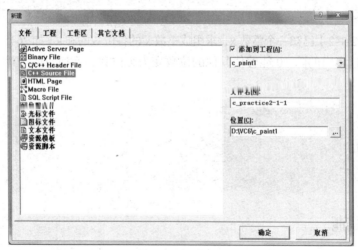

图 2-8　新建文件

（4）编写程序代码

在代码编辑区输入以下代码。

【例 c_practice2-1-1】

分析：图案是由"*"和空格构成，其规律是第一行 0 个空格 10 个"*"号，第二行是 1 个空格 10 个"*"号，第三行是 2 个空格 10 个"*"号，直到第五行是 4 个空格 10 个"*"

号，每一行输出的空格数是行数减 1。

```c
/*使用循环结构输出平行四边形图案*/
#include <stdio.h>
main(){
    int n=0,m,l;            //定义整型变量 n、m 和 l
    while(n<5){             //图案有 5 行，n<5 确保循环 5 次，控制行数
        l=0;
        m=0;
        while(m<n){        //由于 n 为行数，m<n 确保每一行输出 n-1 个空格
            printf(" ");
            m++;
        }
        while(l<10){       //l<10 确保每一行输出 10 个 "*" 号
            printf("* ");
            l++;
        }
        printf("\n");      //换行
        n++;
    }
}
```

（5）编译程序并运行

编译程序，如果无错误，单击运行，运行结果如图 2-9 所示。

图 2-9　程序运行结果

💡 实践训练

（1）使用循环结构在屏幕上输出三角形图案，如图 2-10 所示。

要点分析：

① 图案是由 "*" 和空格构成，其规律是第一行 5 个空格 1 个 "*" 号，第二行 4 个空格 3 个 "*" 号，第三行 3 个空格 5 个 "*" 号，直到第六行 0 个空格 11 个 "*" 号。

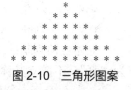

图 2-10　三角形图案

② 我们可以用外循环控制输出的行数，其循环条件为 n<6，n 代表当前行，初值为 0，每循环一次，n 加 1，确保输出 6 行。使用一个内循环输出一行中的空格，其循环条件为 m<5-n，m 的初值为 0，由于外循环每一次 n 增加 1，确保内循环的次数逐次递减，可实现

第一行 5 个空格，第二行 4 个空格，第三行 3 个空格，直到第六行 0 个空格；再使用一个内循环输出一行中的"*"号，其循环条件为 l<2*n+1，l 的初值为 0，由于外循环每一次 n 增加 1，2*n+1 可实现第一行 1 个"*"号，第二行 3 个"*"号，第三行 5 个"*"号，直到第六行 11 个"*"号。

③ 关键步骤，用 SmartDraw 软件画坐标草图→创建工程（如果事先已创建，可省略）→创建源程序文件→编写程序代码→编译改错→运行程序。

（2）使用循环结构在屏幕上输出梯形图案，如图 2-11 所示。

要点分析：

该图案是实践训练一个三角形图案去除前两行的结果，也就是说不要输出前两行即可。

图 2-11　梯形图案

任务二　使用循环结构在屏幕上输出空心梯形图案

任务说明

在任务一实践训练（2）中，我们已经打印出实心的等腰梯形图案，如图 2-11 所示。本次任务，我们在屏幕上输出一个空心的等腰梯形，如图 2-12 所示。差异就在于第二行和第三行，除第一个和最后一个字符为"*"号外，其余字符为空格字符，这就需要采用选择结构来区分处理。

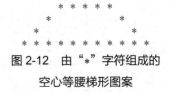

图 2-12　由"*"字符组成的
空心等腰梯形图案

相关知识

2.5　条件判断表达式

选择结构程序是依赖于选择条件执行的，根据选择条件判断的结果（真或假）执行不同的语句。条件判断表达式包括关系表达式或逻辑表达式，表达式的值为真或假。在 C 语言编译系统中给出条件表达式的运算结果是用整数 1 表示"真"，用整数 0 表示"假"；但在判断一个数据值是否为"真"时，以"非 0"代表"真"，以"0"代表"假"。

（1）关系运算符及表达式

关系运算就是判断两个数的大小关系是否成立，具体有如下 6 种比较：

x==y　　判断"x 等于 y"是否成立　　　　x!=y　　判断"x 不等于 y"是否成立

x>y　　判断"x 大于 y"是否成立　　　　x>=y　　判断"x 大于或等于 y"是否成立

x<y　　判断"x 小于 y"是否成立　　　　x<=y　　判断"x 小于或等于 y"是否成立

上述各种判断的结果是一个逻辑值。所谓逻辑值只有两个：成立与不成立。成立又称为"真"，不成立又称为"假"。

>、>=、<、<=这四种运算符的优先级高于==、!=这两种运算符的优先级。这些运算符称为"关系运算符"，也称为"比较运算符"，比较运算符的优先级低于算术运算符，表 2-7 所示为关系运算符。

表 2-7　关系运算符

序　号	名　　称	符　号　表　示
1	小于	<
2	小于或等于	<=
3	大于	>
4	大于或等于	>=
5	等于	==
6	不等于	!=

注意："=="与"="是完全不同的，前者是判断是否相等，后者是赋值符号。

【例 c_task2-2-1】判断下列关系表达式是否成立。

① 2!=3　　② 4<=2　　③ 6>=(2+4)

分析：

① 成立，表达式的值为 1；

② 不成立，表达式的值为 0；

③ 成立，表达式的值为 1。

（2）逻辑运算符及表达式

逻辑运算符将几个关系表达式或逻辑值连接起来，构成一种复合的逻辑判断。逻辑运算有如下 3 种：

a && b　　　逻辑与（而且）　　a 和 b 两个都真，结果为真

a || b　　　逻辑或（或者）　　a 和 b 只要有一个为真，结果为真

! a　　　　逻辑非（否定）　　a 如果为真，则!a 为假；a 如果为假，则!a 为真

上述 3 个逻辑运算符的优先级由低到高依次为||、&&和!。逻辑非"!"的优先级比算术运算符还要高，而逻辑或"||"和逻辑与"&&"的优先级则低于关系运算符。逻辑运算见表 2-8。

表 2-8　逻辑运算

A	B	! A	A && B	A || B
非 0	非 0	0	1	1
非 0	0	0	0	1
0	非 0	1	0	1
0	0	1	0	0

常见运算符的优先级如图 2-13 所示。

23

图 2-13　常见运算符优先级

【例 c_task2-2-2】判断下列逻辑表达式的值。

1<3 && 5<8　　　　（1<3 的值为 1，5<8 的值为 1，1&&1 的值为 1）

3<2 && 4>3　　　　（3<2 的值为 0，4>3 的值为 1，0&&1 的值为 0）

3<2 || 4>3　　　　（3<2 的值为 0，4>3 的值为 1，0||1 的值为 1）

6>5 || 1<2　　　　（6>5 的值为 1，1<2 的值为 1，1||1 的值为 1）

!(4<=6)　　　　　（4<=6 的值为 1，!1 的值为 0）

【例 c_task2-2-3】写出下列判断的逻辑表达式。

① m 被 3 整除。

② 成绩 grade 在 70 到 80 之间（包含 70，不包含 80）。

③ x 和 y 不同时为 0。

④ a 是奇数或者 b 是偶数。

答：

① m%3==0

② grade>=70 && grade<80　　　　（注意，不能写成 70<=grade<80）

③ !(x==0 && y==0)

④ a%2!=0 || b%2==0

2.6　选择结构

一个程序应包括以下两方面的内容：数据的组织结构及操作流程。流程又称为算法。程序的流程有 3 种基本结构：顺序结构、选择结构、循环结构。任何一个复杂的程序流程都是由这 3 种基本结构组合而成的。

前面所述的程序中每一条语句都会被执行，这种程序结构称为顺序结构。如果程序采用了选择结构，则有些语句可能会执行不到。选择结构用 if 结构来实现。

if 结构的格式：

```
if(表达式)          /*  注意这里没有分号  */
{                  /*  条件成立时执行这个大括号中的语句  */
    语句1;
    语句2;
    ……
}
else
{                  /*  条件不成立时执行这个大括号中的语句  */
    语句1;
```

```
    语句2；
    ......
}
```

其流程如图 2-14 所示。

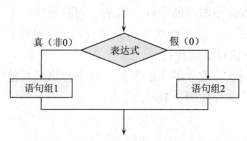

图 2-14　双分支 if-else 语句流程图

如果大括号中的语句只有一条，则可以省略大括号。建议初学时尽量不要省略大括号。
有时条件不成立时不需要执行语句，则可以省略 else 部分：

```
if(表达式)          /*  注意这里没有分号  */
{                  /*  条件成立时执行这个大括号中的语句   */
    语句1；
    语句2；
    ......
}                  /*  没有 else，条件不成立时不执行语句   */
```

其流程如图 2-15 所示。

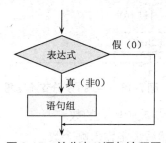

图 2-15　单分支 if 语句流程图

if-else 语句也可以多个同时使用，构成多个分支，形式如下：

```
if(表达式1){
    语句组1
}else if(表达式2){
    语句组2
}else if(表达式3){
    语句组3
    ⋮
}else if(表达式n){
```

```
    语句组 n
}else{
    语句组 n+1
}
```

意思是，从上到下依次检测判断条件，当某个判断条件成立时，则执行其对应的语句块，然后跳到整个 if-else 语句之外继续执行其他代码。如果所有判断条件都不成立，则执行语句块 n+1，然后继续执行后续代码。

也就是说，一旦遇到能够成立的判断条件，则不再执行其他的语句块，所以最终只能有一个语句块被执行。其流程如图 2-16 所示。

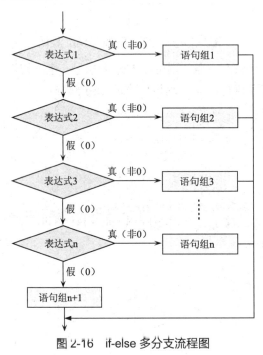

图 2-16　if-else 多分支流程图

【例 c_task2-2-4】输出两个整数中较大的数。

分析：先进行大小比较，然后决定输出哪个数。

程序如下：

```
#include <stdio.h>
main(){
    int x1=8,x2=5;                      //定义整型变量 x1，并赋给初值 8，x2 同理
    if(x1>x2) {
        printf("较大的数是%d\n",x1);    //由于 x1>x2 表达式的值为 1，执行该语句
    }
    else{
        printf("较大的数是%d\n",x2);    //由于 x1>x2 表达式的值为 1，不执行该语句
    }
}
```

程序运行结果如图 2-17 所示。

较大的数是8

图 2-17　程序运行结果

这里我们只简单地说明一下 printf("较大的数是%d\n",x1)的格式输出，详细的讲解会在后面的项目中介绍，如图 2-18 所示。

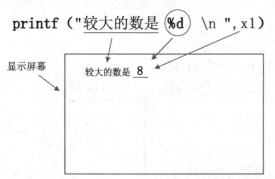

printf（"较大的数是 %d \n ",x1)

显示屏幕

较大的数是 8

说明："较大的数是"是普通字符串，双引号中的普通字符串在屏幕上原样输出，%d是格式控制符，表示该位置处应输出一个整型数，该整数由逗号后面的整型变量的值确定，当前是8，\n表示换行。

图 2-18　格式输出简单说明

【例 c_task2-2-5】已知两个整数，计算它们的绝对值的和（要求不能采用求绝对值的库函数）。

分析：绝对值的计算方法是，正数的绝对值就是它本身，负数的绝对值就是它乘以–1。

程序如下：

```c
#include <stdio.h>
main(){
    int x1=-2,x2=-3;                //定义整型变量 x1、x2，赋初值-2、-3
    if(x1<0)    {
        x1=x1*(-1);                 //x1<0 为 1 时，执行该语句，负负得正，否则不执行
    }
    if(x2<0){
        x2=x2*(-1);                 //x2<0 为 1 时，执行该语句，负负得正，否则不执行
    }
    printf("结果是%d\n",x1+x2);   //输出表达式 x1+x2 的值
}
```

运行结果如图 2-19 所示。

结果是5

图 2-19　程序执行结果

2.7　for 循环结构和 do while 循环结构

前面我们学习了 while 循环结构，对循环结构有了初步的认识和理解，下面我们将进一步讲解 for 循环结构和 do while 循环结构。

（1）for 循环结构

for 结构是一种功能强、应用广的循环结构。其一般形式为：

```
for(表达式1；表达式2；表达式3)
{
    循环体
}
```

它的执行过程如下。

① 先求解表达式 1。

② 求解表达式 2，若其值为真（非 0），则执行 for 语句中指定的循环体，然后执行下面第③步；若其值为假（0），则结束循环，转到第⑤步。

③ 求解表达式 3。

④ 转回上面第②步继续执行。

⑤ 循环结束，从 for 循环结构后面的语句继续执行。

其执行过程如图 2-20 所示。

循环体如果只有一个语句或者是一个不可分割的整体时，可以省略大括号。

下面由浅入深逐步介绍 for 结构的使用。

【例 c_task2-2-6】将 printf("hello,world!\n")语句重复执行 20 次，输出 20 行"hello,world!"。

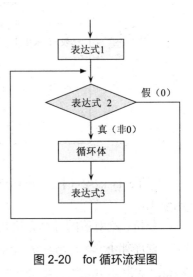

图 2-20　for 循环流程图

```c
#include<stdio.h>
main(){
    int i;
    for(i=1;i<=20;i++){   //i++ 相当于 i=i+1，即 i 的值增加 1
        printf("hello,world!\n");
    }
}
```

【例 c_task2-2-7】用循环计算并输出 2+4+6+…+98+100 的和。

思路：假如用变量 sum 表示所求的和，首先让 sum 的初始值为 0，然后把每一项数加到 sum 中，最后得到的 sum 就是所有数的和。

```c
#include <stdio.h>
main(){
    int i,sum=0;              //sum 用来存放累加结果，初值为 0
    for(i=2;i<=100;i=i+2) {   //要加的数是从 2 开始，每次增加 2，直到 100
        sum=sum+i;            //把每一项数加到 sum 中
    }
    printf("计算结果是%d\n",sum); // 输出计算结果
}
```

程序执行结果如图 2-21 所示。

计算结果是2550

图 2-21   程序运行结果

for 循环也可以嵌套，典型的就是二重循环，也称双循环。下面通过一个例子来具体地讲解它的使用方法。

【例 c_task2-2-8】使用二重循环，在屏幕上输出如图 2-22 所示的图案。

```
# # # # # # #
# # # # # # #
# # # # # # #
# # # # # # #
```

图 2-22   用 "#" 号构成的矩形图案

思路：用外循环控制输出的行数，内循环控制每一行输出的字符数。

```
#include <stdio.h>
main(){
    int n=4,m=7,i,j;              //定义变量 n 代表行数，其值为 4
                                  //m 代表每一行中字符的个数，其值为 7

    for(i=1;  i<=n;  i++){
                                  //第 i 行的图案

        for(j=1;  j<=m;  j++){
            printf("# ");         /*由于每个 "#" 号的后面都有空格，所以在"# "中加了
                                  一个空格*/

        }
        printf("\n");             /*一行结束要换行*/

    }
}
```

程序运行结果如图 2-23 所示。

图 2-23   程序运行结果

（2）do-while 循环结构

do-while 结构的一般形式为：

```
do{
    语句
}while(表达式);
```

这个循环与 while 循环的不同在于：它先执行循环中的语句，然后再判断表达式是否为真，如果为真，则继续循环；如果为假，则终止循环。因此，do-while 循环至少要执行

一次循环体中的语句，其执行过程如图 2-24 所示。

（3）循环结构控制语句

break 和 continue 语句都可以用在循环中，用来跳出循环（结束循环）。

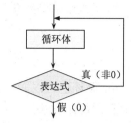

图 2-24　do-while 循环流程图

① break 语句。当 break 语句用于 do-while、for、while 循环语句中时，可使程序终止循环而执行循环后面的语句，通常 break 语句总是与 if 语句连在一起，即满足条件时便跳出循环。

【例 c_task2-2-9】求 1+2+3+4+…，最多加到 100，但不一定会加到 100，因为只要加起来的和超过 1000，即使没有加到 100 循环也提前结束。

```
#include<stdio.h>
main(){
    int x,i;                    //定义整型变量 x、i
    x=0;
    for(i=1;i<100;i++){
        x=x+i;                  //将 i 的值从 1 累加：1+2+3+…的结果存入 x
        if(x>1000) break;       //如果 x 的值超过 1000 时，退出循环
    }
    printf(("x=%d\n",x);        //输出 x 的值
}
```

程序运行结果如图 2-25 所示。

② continue 语句。continue 语句的作用是跳过循环体中剩余的语句而强行执行下一次循环。continue 语句只用在 for、while、do-while 等循环体中，常与 if 条件语句一起使用，用来加速循环。

`x=1035`

图 2-25　程序运行结果

任务实施

（1）要点分析

使用循环输出空心梯形，初学者会感到有一些困难，实际上，我们可以从三角形图案→实心梯形图案→空心梯形图案这条思路入手，如图 2-26 所示。也就是说，三角形去掉前两行，得到实心梯形，将梯形第二和第三行除去两头的"*"号，其余位置用空格替代，就可得到空心梯形图案。我们可以在输出三角形图案的程序上加以修改，来实现本任务。

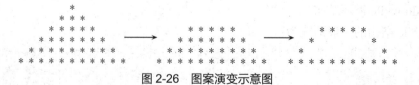

图 2-26　图案演变示意图

（2）创建工程

创建工程，打开 VC6.0 集成开发环境，选择"文件"→"新建"菜单命令，打开"新

建"对话框,如图 2-27 所示。在工程列表中,选择 Win32 Console Application,在"工程名称"文本框中,输入新工程的名称,如"c_paint1",单击 确定 按钮,完成工程的创建。当然也不是每一次都需要创建工程,如果在原有的工程中创建源程序文件,只需要打开原有工程即可。

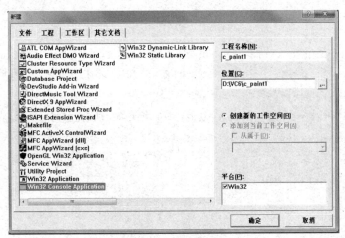

图 2-27 新建工程

(3)创建源程序文件

创建源程序文件,选择"文件"→"新建"菜单命令,打开"新建"对话框,如图 2-28 所示。在文件列表中,选择 C++ Source File,在"文件名"文本框中,输入源程序名称,如 c_practice2-2-1,单击 确定 按钮,完成文件的创建。

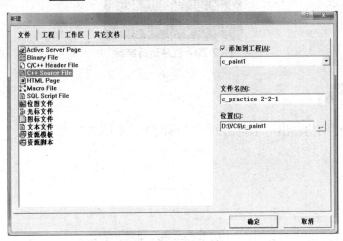

图 2-28 新建文件

(4)编写程序代码

在代码编辑区输入以下代码:

【例 c_practice2-2-1】

```
/*输出空心梯形图案*/
#include <stdio.h>
```

```
main(){
    int n,m,l;                    //定义整型变量 n、m 和 l，n 初始值为 2，三角形前两行不要
    for(n=2;n<6;n++){             //图案有 6 行，n<6 确保循环 4 次
      for(m=0;m<5-n;m++){         //由于 n 为当前行数，m<5-n 确保输出 5-n 个空格
        printf(" ");
      }
      for(l=0;l<2*n+1;l++){       //由于 n 从 2 开始，l<2n+1 确保输出 5、7…11 个"*"号
        if(n==2||n==5)            //梯形的第 1 行和最后一行，输出所有"*"号
            printf("*");
        else if(l==0||l==2*n)     //其他行只有两头输出所有"*"号，其余输出空格
            printf("*");
        else
            printf(" ");
      }
      printf("\n");               //换行
    }
}
```

（5）编译程序并运行

编译程序，如果无错误，单击运行，运行结果如图 2-29 所示。

图 2-29　程序运行结果

实践训练

（1）使用循环结构输出一个空心的三角形图案，如图 2-30 所示。

图 2-30　空心三角形图案示意图

要点分析：

我们在上面已经输出了空心梯形图案，只要从空心梯形→空心三角形这条思路入手，如图 2-30 所示，问题就很容易解决了。

（2）使用循环结构输出一个空心的菱形图案，如图 2-31 所示。

要点分析：

我们在上面已经输出了空心三角形图案，在此基础上，首先把空心三角形最后一行，除

两头外，其他用空格替代，如图 2-31（a）所示。去除最后一行，将其倒过来，如图 2-31（b）所示，这可以采用反向循环输出，也就是控制行的语句改写成 for(n=5;n>0;n--)，其他的代码做小的改动即可，最后得到如图 2-31（c）所示的菱形图案。

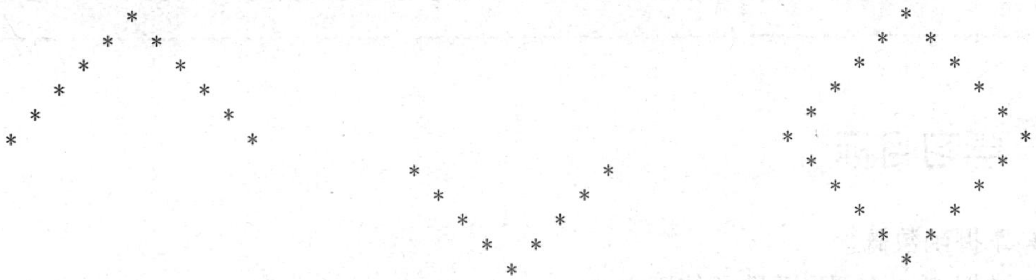

（a）　　（b）　　（c）

图 2-31　空心菱形图案

扫一扫在线测

项目 **三** 使用 C 语言图形函数画图

学习目标

- 掌握函数概念
- 掌握 C 语言图形函数的使用方法
- 掌握屏幕坐标的概念

项目描述

本项目将使用 C 语言图形库函数来画图,通过在项目中画各种图形来讲解函数的使用,理解函数的概念并学会使用函数。同时,在编写程序的过程中,我们将学会使用相关的 C 语言图形函数。

任务一 画一个榔头

任务说明

通过画榔头来学习常用的 C 语言图形函数,如圆和矩形。榔头示意图如图 3-1 所示。

图 3-1 由圆和矩形组合而成的榔头

相关知识

3.1 函数概念

大家还记得小时候玩的积木吗?我们用一个个积木块组合、搭建成各式各样的积木模型,如图 3-2 所示。

一个 2~3 岁的小孩子可以在较短的时间内搭建一个漂亮的积木模型。试想一下,如果没有这些积木块,2~3 岁的小孩子还能做上面的事情吗?究其原因,积木块起到至关重要的作用,而这些积木块是积木玩具厂家精心设计和制作的。

在 C 语言中,函数就如同一个个积木块一样,按照操作者的想法,将函数按照一定的逻辑组合起来,就能实现操作者的意图,如图 3-3 所示。

图 3-2　搭建积木模型

$$
\begin{matrix}
\text{circle()} \\
\text{abs() line()} \\
\text{cos()} \\
\text{pow()}
\end{matrix}
\qquad \longrightarrow \qquad
\begin{matrix}
\text{void main()\{} \\
\text{initgraph(640,480);} \\
\text{circle(120,80,30);} \\
\text{line(30,50,60,80);} \\
\cdots\cdots \\
\text{\}}
\end{matrix}
$$

图 3-3　函数的作用

3.2　屏幕坐标

C 语言不仅可以处理字符和数值，还可以绘制图形。C 语言的图形函数可以方便地绘制直线、圆和圆弧等基本图形，这些基本图形又可以组合出复杂的图形，使用 C 语言可绘制出漂亮的图案。

字符和图形是两类不同的显示对象，它们对屏幕的要求是不同的。屏幕通常使用不同的显示模式显示这两类对象。要使用 C 语言正确处理字符和图形，就需要先掌握屏幕显示模式的基础知识，掌握设置屏幕显示模式的方法。

屏幕显示模式就是数据在屏幕上的显示方式。C 语言把屏幕显示模式分为文本模式和图形模式两种。文本模式通常用于显示文本，图形模式则用于显示图形。C 语言默认屏幕显示模式为文本模式。显示器的工作原理与电视机的工作原理相似，其屏幕上规则地排列着许多细小的发光点。这些发光点的明暗和色彩的不同组合，就组成了屏幕上绚丽多姿的画面。

为了便于指定屏幕上显示内容的位置，我们取屏幕左上角为坐标原点，第一行所在位置为 x 轴，第一列所在位置为 y 轴，建立如图 3-4 所示的屏幕直角坐标系。

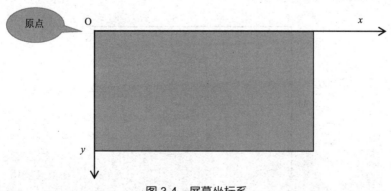

图 3-4　屏幕坐标系

建立屏幕直角坐标系后，就可以用有序数对(x, y)表示屏幕上点的位置。在点的坐标(x, y)

中，x 指定点的列坐标，y 指定点的行坐标。例如，屏幕左上角点的坐标即为(0,0)。而屏幕上其他点的坐标则与屏幕显示模式有关，同一个点的坐标可能随着屏幕显示模式的改变而改变。请读者注意：数学中建立平面直角坐标系后，平面上任意一点的位置可以用一个有序实数对来表示。建立屏幕直角坐标系后，屏幕上任意一点的位置可以用一个有序整数对来表示。而屏幕直角坐标系的坐标原点在屏幕的左上角，y 轴的正方向向下，坐标轴的单位与屏幕显示模式有关，这些都是与数学中的平面直角坐标系不同之处。

显示器屏幕上的每个发光点称为一个像素。如果显示数据的最小单位是一个像素，则称该显示模式为图形模式。在图形模式下，一个显示器屏幕上像素的数目是由显示器的分辨率决定的，如果分辨率是 640 像素×480 像素，则屏幕被划分为 480 行 640 列，即每行有 640 个像素，每列有 480 个像素。常用的显示器分辨率有 640 像素×480 像素、800 像素×600 像素、1024 像素×768 像素等，分辨率越高，像素越多，显示的图形就越精确、越光滑。

3.3　C 语言图形函数 1

从用户的角度来看，函数可分为标准函数（库函数），由系统提供；用户自定义函数，用户自己编写的函数。这一节，我们先学习 C 语言图形函数库中函数的使用。

（1）画圆函数：void circle(int x,int y,int r)，如图 3-5 所示。

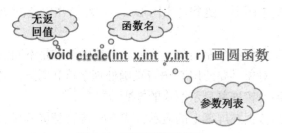

图 3-5　画圆函数说明图

关键字 void 表示函数无返回值，circle 是函数名，一般函数名能够表达函数的功能，circle 中文的意思是圆，从名字上就很容易知道是画圆函数，后面的括号里面是参数列表，参数之间用 "," 号隔开，参数前面的关键字是参数的数据类型，int x 表示参数 x 必须是整型数。如在屏幕上以(50,30)为圆心的位置上画一个半径为 20 的圆，其语句是 circle(50,30,20)，如图 3-6 所示。

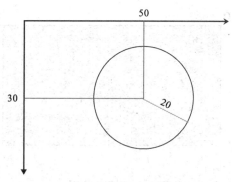

图 3-6　以(50,30)为圆心半径为 20 的圆

（2）画矩形函数：void rectangle(int left,int top,int right,int bottom)。

在这里需要强调的是(left,top)表示的是矩形左上角点坐标，(right,botom)表示的是矩形右下角点坐标，如在屏幕上以(20,15)为左上角点的位置和以(70,40)为右下角点的位置上画一个矩形，其语句是 rectangle(20,15,70,40)，如图 3-7 所示。

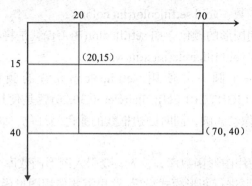

图 3-7　(20,15)为左上角点和(70,40)为右下角点的一个矩形

（3）设置画笔的颜色函数：void setcolor(int color)。

EasyX 图形库使用 24bit 真彩色，通常使用预定义的字符常量来代表颜色，如表 3-1 所示。

表 3-1　颜色字符常量

常　　量	值	颜　　色
BLACK	0	黑
BLUE	0xAA0000	蓝
GREEN	0x00AA00	绿
CYAN	0xAAAA00	青
RED	0x0000AA	红
MAGENTA	0xAA00AA	紫
BROWN	0x0055AA	棕
LIGHTGRAY	0xAAAAAA	浅灰
DARKGRAY	0x555555	深灰
LIGHTBLUE	0xFF5555	亮蓝
LIGHTGREEN	0x55FF55	亮绿
LIGHTCYAN	0xFFFF55	亮青
LIGHTRED	0x5555FF	亮红
LIGHTMAGENTA	0xFF55FF	亮紫
YELLOW	0x55FFFF	黄
WHITE	0xFFFFFF	白

字符常量在这里代表的是整型数，为了便于记忆，免除了人们记忆枯燥数字的麻烦，如 setcolor(0x0000AA) 和 setcolor(RED) 都能用来设置画笔的颜色为红色，显然 setcolor(RED) 用起来更简单（表中整数值是十六进制数）。

（4）设置填充色的函数：void setfillcolor(int color)。

作用是设置填充封闭图形的颜色，如 setfillcolor(BLUE) 就是将填充色设置为蓝色。

（5）填充圆的函数：void fillcircle(int x,int y,int r)。

该函数就是画出一个圆，并使用 setfillcolor() 设置的颜色填充圆的内部，如 setcolor(RED);setfillcolor(LIGHTGREEN);fillcircle(50,30,20) 就是使用亮绿色的颜色填充圆心为(50,30)、半径为 20 像素的圆，同时圆边框线的颜色为红色，如图 3-8 所示，矩形的填充函数类似，不再赘述。

（6）画图准备：要使用图形函数库，首先，要引入图形函数库 "graphics.h"，其次，系统默认的是文本模式，需要进行图形模式设置，这里需要使用图形函数库中 void initgraph(int w,int h)，参数 w 设定画图屏幕的宽度，参数 h 设定画图屏幕的高度，如 initgraph(640,480)，就是设定屏幕的宽为 640 像素，高为 480 像素，如图 3-9 所示。

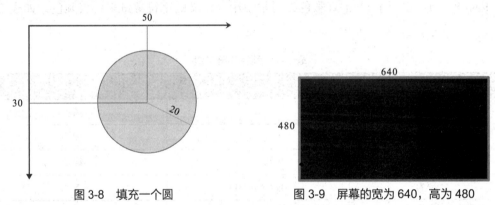

图 3-8　填充一个圆　　　　　　　　图 3-9　屏幕的宽为 640，高为 480

画图结束时，我们需要关闭图形模式，恢复到字符模式下，可使用 closegraph() 函数来实现。

🌐 任务实施

（1）画一张草图

由于后画的图形在前面，可以将先画的图形遮挡住，榔头可用一个填充圆与填充矩形组成，榔头把用一个矩形表示，这样就可画出一个榔头。图 3-10 中是榔头的坐标图，榔头上半部分，圆心坐标是(360,200)，半径是 20 像素；榔头下半部矩形的左上角点坐标为(340,200)，右下角坐标为(380,270)；榔头把矩形左上角点坐标为(20,210)，右下角坐标为(340,230)。

（2）创建工程

创建工程，打开 VC6.0 集成开发环境，选择"文件"→"新建"菜单命令，打开"新建"对话框，如图 3-11 所示。在工程列表中，选择 Win32 Console Application，在"工程名称"文本框中，输入新工程的名称，如"c_paint1"，单击 确定 按钮，完成工程的创建。

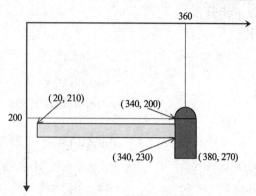

图 3-10   榔头坐标图

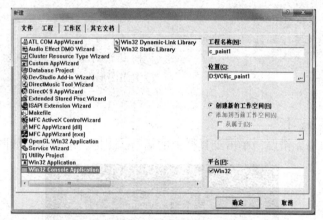

图 3-11   新建工程

（3）创建源程序文件

创建源程序文件，选择"文件"→"新建"菜单命令，打开"新建"对话框，如图 3-12 所示。在文件列表中，选择 C++ Source File，在"文件名"文本框中，输入源程序名称，如"c_practice3-1-1"，单击 确定 按钮，完成文件的创建。

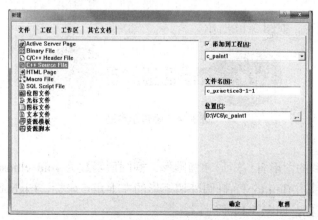

图 3-12   新建文件

（4）编写程序代码

在代码编辑区键入以下代码：

【例 c_practice3-1-1】

```
/*画一个小榔头*/
#include<conio.h>                        //引入函数 getch()所在的头文件
#include<graphics.h>                     //引入图形函数库的头文件
void main( ) {
    initgraph(640,480);                  //屏幕初始化
    setfillcolor(LIGHTGRAY);             //设置填充色为浅灰色
    fillcircle(360,200,20);              //画一个填充圆
    fillrectangle(340,200,380,270);      //画一个填充矩形
    setfillcolor(YELLOW);
    fillrectangle(20,210,340,230);
    getch();                             //使程序暂停，按任意键继续
    closegraph();                        //关闭图形模式
}
```

（5）编译程序并运行

编译程序，如果无错误，单击工具栏上的运行 ! 图标，运行结果如图 3-13 所示。

图 3-13　程序运行结果

💡 实践训练

（1）画一个哑铃，如图 3-14 所示。

图 3-14　哑铃示意图

要点分析：

① 这里要用到的图形有：矩形和椭圆形，椭圆形函数为 void ellipse(int left,int top,int right,int bottom)，其中(left,top)为椭圆外切矩形的左上角点坐标，(right,bottom)为椭圆外切矩形的右下角点坐标，如图 3-15 所示。

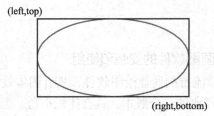

图 3-15 椭圆函数用法示意图

② 关键步骤，画坐标草图→创建工程（如果事先已创建，可省略）→创建源程序文件→编写程序代码→编译改错→运行程序。

（2）画一个创意哑铃，如图 3-16 所示。

图 3-16 创意哑铃示意图

要点分析：

① 哑铃头由多个填充圆组成，如图 3-17 所示。

图 3-17 哑铃头示意图

② 关键步骤，画坐标草图→创建工程（如果事先已创建，可省略）→创建源程序文件→编写程序代码→编译改错→运行程序。

任务二 画一张笑脸

任务说明

通过画笑脸，我们来进一步学习常用的 C 语言图形函数，如画线和画弧，如图 3-18 所示。

图 3-18 由圆、椭圆、弧和线组成的笑脸图形

41

相关知识

3.4　SmartDraw6.0 画图软件的安装和使用

SmartDraw 软件是一款流行的商业绘图软件，具有图像处理、设计、制作、转换等功能，SmartDraw 6.0 是比较经典的一个版本，具有体积小巧、无需安装等特点，可以用它轻松设计。在画复杂图形时，关键是要确定各种图形的坐标，由于 SmartDraw6.0 中有横纵坐标尺，方便确定图形坐标，所以用它来画图形草图非常便捷。

（1）SmartDraw6.0 画图软件的下载

读者可以通过百度进行搜索，下载后解压到目录下即可。

（2）SmartDraw6.0 画图软件的初始化设置

进入 SmartDraw6.0 根目录，如图 3-19 所示，双击@绿化.exe 可执行文件，弹出"Patch"对话框，单击 Patch It 按钮，弹出如图 3-20 所示的"设置成功"对话框，单击 确定 按钮，完成软件运行前的设置工作。

双击图 3-19 文件目录中绿色图标的 SmartDraw.exe 可执行文件，弹出如图 3-21 所示的初始化设置对话框。选择"不再显示此信息"复选框，以后该对话框将不再显示，单击 以后完成 按钮，弹出"欢迎使用 SmartDraw"对话框，如图 3-22 所示。

图 3-19　SmartDraw6.0 根目录

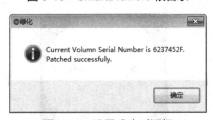

图 3-20　设置成功对话框

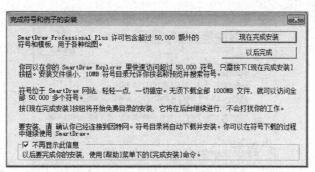

图 3-21　初始化设置对话框

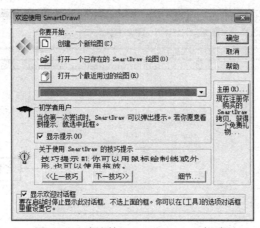

图 3-22　欢迎使用 SmartDraw 对话框

在"欢迎使用 SmartDraw"对话框中，有几种选择，一是"创建一个新绘图"，通常第一次必选此项，二是"打开已存在的 SmartDraw 绘图"，三是"打开一个最近用过的绘图"。现在我们默认选取一，单击 确定 按钮，弹出"创建一个新绘图"对话框，如图 3-23 所示。该对话框给我们提供了画各类图形的选择，比如流程图、组织机构图、网络和软件设计等，不同种类下，给我们提供不同的图形元素，由于我们只是画一些一般的图形，选默认的流程图即可，单击"创建空白绘图"按钮，在弹出如图 3-24 所示的"SmartDraw 提示"对话框中，去除勾选"显示提示"复选框，使下一次不再显示，单击 确定 按钮，进入绘图界面，如图 3-25 所示。

图 3-23　"创建一个新绘图"对话框

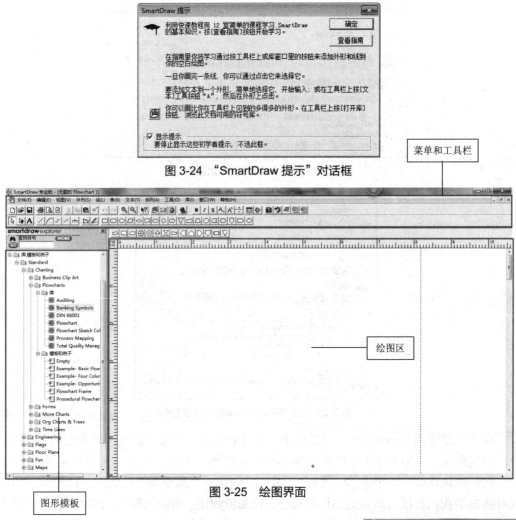

图 3-24 "SmartDraw 提示"对话框

图 3-25 绘图界面

（3）SmartDraw6.0 画图软件的简单使用方法

在画图前，进行简单的设置，选择菜单栏上的"视图"→"显示网格"，如图 3-26 所示，这样绘图区就出现了网格背景，便于确定坐标值。选择菜单栏上的"视图"→"定义标尺和网格(R)..."，进入"设置标尺和网格"对话框，如图 3-27 所示，在显示文本框中，设定值为 100，后面下拉框中选"厘米"，意思是在标尺上，1 厘米按 100 个单位来显示，这样尺度上与屏幕坐标尺度基本一致，在分界线下拉列表中选 10 表示将 1 厘米分 10 等份。单击 确定 按钮，完成设置。

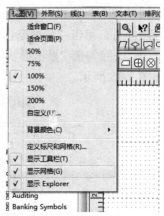

图 3-26 网格和标尺设置示意图

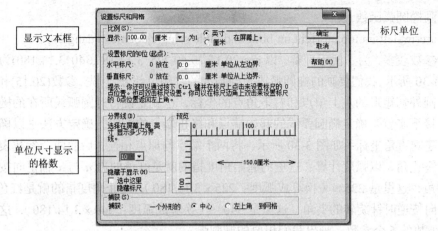

图 3-27　设置标尺和网格

　　在绘图区绘制圆和矩形，如图 3-28 所示，由于有坐标尺和网格，我们很容易确定出图形的坐标值。从图中可以看出，圆心坐标为(300,100)，半径为 20，矩形左上角坐标为(200,90)，右下角坐标为(280,110)，这样在编程画图之前，可以在 SmartDraw6.0 中先绘制草图，然后再进入 VC6.0 集成开发环境中写程序。

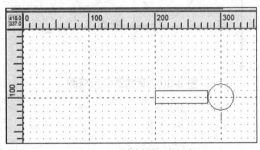

图 3-28　绘制圆和矩形

3.5　C 语言图形函数 2

（1）画线函数：void line(int x1,int y1,int x2,int y2)

　　括号列表中的参数(x1,y1)代表线段的一个端点坐标，(x2,y2)代表线段的另一个端点坐标。如在屏幕上以(20,15)为左上角点的位置和以(70,40)为右下角点的位置上画一条线段，其语句是 line(20,15,70,40)，如图 3-29 所示。

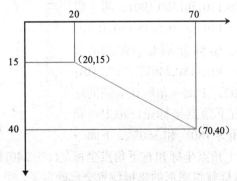

图 3-29　以(20,15)为第一个端点和以(70,40)为第二个端点的一条线段

（2）画椭圆弧函数

void arc(int left,int top,int right,int bottom,double stangle,double endangle)。

由于参数较多，为了便于理解，以 arc(20,15,70,40,225*3.14/180,340*3.14/180) 为例来说明，如图 3-30 所示。我们要画的椭圆弧线为椭圆上的红颜色部分，首先，参数(20,15)和(70,40)确定了椭圆外切矩形的左上角点和右下角点的坐标，也就是说将椭圆弧线所在的椭圆确定下来了，接下来就是确定椭圆弧线的起始端点和终止端点的位置，确定方法是以椭圆中心为原点，建立直角坐标系如图 3-30 所示，将两个端点与原点相连，后面两个参数表示的是起始角和终止角，以弧度计算，这里的起始角度指的就是红色的边 a 与 x 轴正向按逆时针旋转的夹角，这里是 225°（换算成弧度：$225 \times 3.14/180$），终止角度指的就是红色的边 b 与 x 轴正向按逆时针旋转的夹角，这里是 340°（换算成弧度：$340 \times 3.14/180$），这样就确定了 arc 函数的 6 个参数，画出我们想要的椭圆弧。

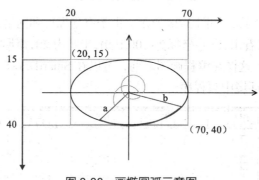

图 3-30　画椭圆弧示意图

任务实施

（1）画示意图

在 SmartDraw 软件中画一张草图，如图 3-31 所示，从图中可以确定出图形的坐标。表示脸盘的圆的圆心坐标是(200,200)，半径是 150；眉毛的两条线段的端点坐标是(100,140)和(150,150)，(250,140)和(300,140)；眼眶的两个椭圆外切矩形左上角点和右下角点是(100,170)和(150,190)，(250,170)和(300,190)；两个眼球的圆心坐标和半径是(125,180)和10,(275,180)和10；鼻子的 3 条线段的端点坐标分别是(190,220)和(180,240),(210,220)和(220,240),(180,240)和(220,240)；嘴是由两条椭圆弧线组成的，上面一条所在椭圆的外切矩形左上角点坐标和右下角点坐标是(170,250)和(230,270)，起始角和终止角为 180° 和 360°，下面一

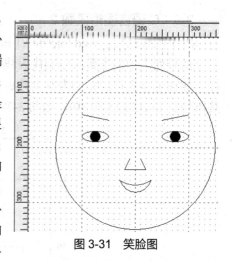

图 3-31　笑脸图

条所在椭圆的外切矩形左上角点坐标和右下角点坐标是(170,240)和(230,280)，起始角和终止角为 180° 和 360°，这样就将图形的坐标位置全部确定了。

（2）创建工程

创建工程，打开 VC6.0 集成开发环境，选择"文件"→"新建"菜单命令，打开"新建"对话框，在工程列表中，选择 Win32 Console Application，在"工程名称"文本框中，输入新工程的名称，如"c_paint1"，单击 确定 按钮，完成工程的创建。当然也不是每一次都需要创建工程，如果在原有的工程中创建源程序文件，只需要打开原有工程即可。

（3）创建源程序文件

创建源程序文件，选择"文件"→"新建"菜单命令，打开"新建"对话框，如图 3-32 所示。在文件列表中，选择 C++ Source File，在"文件名"文本框中，输入源程序名称，如"c_practice3-2-1"，单击 确定 按钮，完成文件的创建。

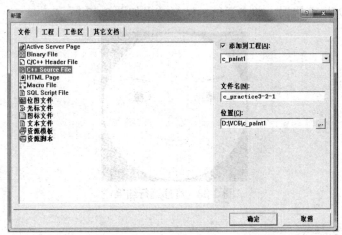

图 3-32　新建文件

（4）编写程序代码

在代码编辑区键入以下代码：

【例 c_practice3-2-1】

```
/*画一张笑脸*/
#include <graphics.h>              //引入图形函数库的头文件
#include <conio.h>                 //引入函数 getch()所在的头文件
void main(){
    initgraph(640, 480);          //屏幕初始化
    setcolor(BLUE);               //设置画笔颜色为蓝色
    fillcircle(200,200,150);      //使用默认颜色白色填充一个圆
    line(100,140,150,150);        //画一条线段
    line(300,140,250,150);
    ellipse(100,170,150,190);     //画一个椭圆
    ellipse(250,170,300,190);
    line(180,240,220,240);
    line(180,240,190,220);
    line(220,240,210,220);
```

47

```
    arc(170,250,230,270,3.14,2*3.14);           //画椭圆弧线
    arc(170,240,230,280,3.14,2*3.14);
    setfillcolor(BLACK);
    fillcircle(125,180,10);                      //使用黑色填充一个圆
    fillcircle(275,180,10);
    getch();
    closegraph();
}
```

（5）编译程序并运行

编译程序，如果无错误，单击运行，运行结果如图 3-33 所示。

图 3-33　程序运行结果

💡 实践训练

（1）画一辆小车，如图 3-34 所示。

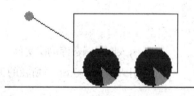

图 3-34　小车示意图

要点分析：

① 这里要用到的图形有：矩形、填充圆、线段和填充椭圆扇形，填充椭圆扇形函数为 void fillpie(int left,int top,int right,int bottom,double stangle,double endangle)，其参数与 arc() 函数的参数含意完全一样，可参照图 3-30 对 arc() 函数参数的说明，而二者的差别是 arc() 函数画出的是椭圆弧，而 fillpie() 函数画出的是椭圆扇形。

② 关键步骤，用 SmartDraw 软件画坐标草图→创建工程（如果事先已创建，可省略）→创建源程序文件→编写程序代码→编译改错→运行程序。

（2）画太极图，如图 3-35 所示。

图 3-35　太极图

要点分析：

① 太极图由填充圆、填充椭圆扇形组成，拆解后，如图 3-36 所示。整个大圆由两个填充椭圆扇形组成，可使用 fillpie()函数画出来，其他都是填充圆。要注意画图的顺序，后画的图会将先画的图遮掩住。

图 3-36　拆解后示意图

② 关键步骤，画坐标草图→创建工程（如果事先已创建，可省略）→创建源程序文件→编写程序代码→编译改错→运行程序。

扫一扫在线测

49

项目 ④ 使用 C 语言图形函数画创意图案

学习目标

- 掌握一维数组的概念及使用方法
- 掌握二维数组的概念及使用方法
- 掌握输入函数的使用方法
- 掌握 switch 多分支结构

项目描述

本项目将学习 C 语言的一维数组和二维数组，重点是使用二维数组存储位置信息，并构建丰富多彩的创意图案。

任务一　在屏幕上画出位图图案

任务说明

在程序设计中，数组属于构造数据类型。在本次任务中，我们将使用二维数组存储位置信息，再用图形函数画出如图 4-1 所示的图案。

图 4-1　笑脸图案

相关知识

4.1　一维数组

数组是程序设计中经常使用的一种数据结构，它用于存放同一类型的一组数据。组成数组的各个变量称为数组的分量，也称为数组的元素。元素的个数也称为数组的长度，元素在数组中的顺序称为数组的下标。根据下标的个数，数组分为一维数组、二维数组、三维数组等，二维以上的数组也称为多维数组。

（1）一维数组的定义和初始化

一维数组是只有一个下标的数组，其定义格式如下：

```
数据类型 数组名[元素个数]; /*元素个数必须是常量*/
```

【例 c_task4-1-1】

```
float score[50];        /*定义一个数组 score，它有 50 个 float 类型的元素，它们分别是：
                        score[0],score[1],……, score[49]*/
int age[20];            /*定义一个数组 age，它有 20 个 int 类型的元素，它们分别是：
                        age[0],age[1],age[2], ……,age[19]*/
```

说明：数组的每一个元素都是一个变量，如：age[0],age[1],age[2],......,age[19]是 20 个变量，每一个元素的使用与变量一样，我们可以给它赋值，也可以改变它的值。

数组的初始化就是在定义数组的同时给数组元素赋值。

【例 c_task4-1-2】

```
int  a[4]={10,30,23,24}; /*定义数组 a 同时初始化，如 a[0]的值 10, a[1]的值
                        30, a[2]的值 23, a[3]的值24 , 注意：不存在 a[4]元素*/
```

说明：对于整型数组，初始化时如果给出的值数量不够，则后面的元素的值为 0。如：

```
int  b[5]={16, 25, 10}; /*初始化的值不够，则后两个元素的值为 0*/
```

初始化还可以采用不规定数组长度的形式。这时数组长度由初始化的值的个数决定。

```
int x[]={4,5,-1,13,2}; /*初始化的值有 5 个，因此数组 x 的长度为 5*/
```

（2）一维数组元素的使用

可以通过"数组名[下标]"的形式访问数组中的元素，其中下标从 0 开始。比如定义一个整型数组：int a[5]; 则该数组的元素为 a[0]、a[1]、a[2]、a[3]、a[4]。

数组元素的使用与普通变量完全一样，可以进行赋值、运算、输入、输出。

【例 c_task4-1-3】

```
int a[5];
a[0]=20;                /*对元素赋值*/
a[1]=a[0]/2;            /*元素参与运算*/
printf("%d",a[1]);      /*输出元素的值*/
```

使用循环可以很方便地访问数组的所有元素。

【例 c_task4-1-4】

```
int x[10],i;
for(i=0;i<=9;i++)       //循环变量 i 控制数组下标的变化
    printf("%d\t",x[i]); /*输出所有元素的值*/
```

【例 c_task4-1-5】

有数组 a，其长度是 6，利用循环可以方便求出数组 a 的所有元素之和。

```
#include<stdio.h>
```

51

```
main(){
    int i,sum1,a[6]={1,2,3,4,5,6};
    sum1=0;
    for(i=0;i<6;i++)              //循环变量 i 控制数组下标的变化
        sum1=sum1+a[i];          //sum1 是所有元素值的和
    printf("sum1=%d\n",sum1);    //sum1=是普通字符串，原样输出
}
```

程序运行结果如图 4-2 所示。

图 4-2   程序运行结果

【例 c_task4-1-6】

已知数组 u 中 8 个整数是：9，11，7，5，-6，4，18，3，求：大于 10 的整数有几个？最大的数是什么？这些数的和是多少？

```
#include <stdio.h>
main( ){
    int u[8]={ 9,11,7,5,-6,4,18,3},i;
    int count,max,sum; /*定义整型变量 count，max，sum，其中 count 用来存储数字的个
                        数，max 存储最大数，sum 存储求和的值*/

    /*以下是求大于 10 的整数的个数*/
    count=0;
    for(i=0;i<8;i++)
        if(u[i]>10)
            count++;
    /*以下是求最大的数*/
    max=u[0];
    for(i=1;i<8;i++)
        if(u[i]>max)
            max=u[i];
    /*以下是求所有元素的和*/
    sum=0;
    for(i=0;i<8;i++)
        sum=sum+u[i];

    printf("大于 10 的整数有%d 个\n",count);
    printf("最大的数是%d \n", max);
    printf("所有元素的和是%d\n", sum)。
```

}

程序运行结果如图 4-3 所示。

图 4-3　程序运行结果

（3）一维数组与变量的区别

初学者对数组的理解往往不是很透彻，这是很正常的，但这会影响初学者灵活使用数组来高效便捷地编写程序。这里，我们通过生活中广为人知的事物来进一步解读，以帮助大家理解数组的概念。

我们来看一下，几十辆的汽车车队和一列火车都可以用来运输货物，如图 4-4 所示。

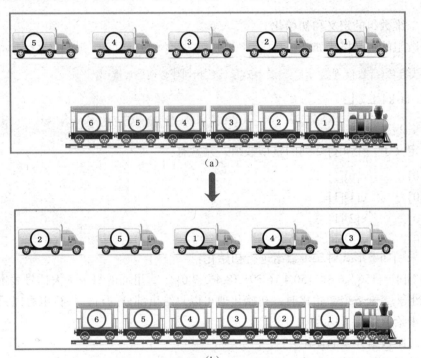

图 4-4　汽车车队与火车运输示意图

汽车车箱和火车车箱都可以装载货物，这一点是一样的，但汽车车队在行驶的过程中，车辆的顺序随时可以发生变化，如图 4-4（a）→图 4-4（b）所示；而一列火车的车厢的顺序是固定的，在运输的过程中不会发生变化。

回头看一维数组和变量，比如，有数组 int a[6]和变量 u，v，w，x，y，z，如图 4-5 所示，变量如同汽车，变量之间没有顺序关系，而一维数组如同一列火车，数组元素之间有明确的顺序关系，a[0]后面一定是 a[1]，a[4]后面一定是 a[5]，a[3]前面一定是 a[2]，这种顺序关系是不会改变的。正是因为一维数组有这样的特性，使我们能够很便捷地通过数组下标去访问数组元素并进行相应的数据操作。

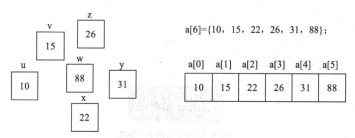

图 4-5　变量与一维数组

4.2　二维数组

上节讲解的数组可以看作是一行连续的数据，只有一个下标，称为一维数组。在实际问题中有很多数据是二维的或多维的，因此 C 语言允许构造多维数组。多维数组元素有多个下标，以确定它在数组中的位置。本节介绍二维数组，多维数组可由二维数组类推而得到。

（1）二维数组的定义和初始化

二维数组的定义格式如下：

```
数据类型 数组名[行数][列数];          /*这里行数和列数必须是常量*/
```

【例 c_task4-1-7】

```
int e[4][2];
```

此句定义了一个 4 行 2 列的整型数组，元素有：

e[0][0]　　　e[0][1]

e[1][0]　　　e[1][1]

e[2][0]　　　e[2][1]

e[3][0]　　　e[3][1]

可以采用如下形式对二维数组进行初始化：

int x[3][4]={{56,8,6,4}, {50,4,16,-9},{8,46,-7,0}};，里面的每一个大括号表示一行，如同一维数组。二维数组初始化时，初始化值可以只给出部分的行，一行也可以只给出部分值，所有未给值的元素均为 0。

（2）二维数组元素的使用

二维数组元素的使用与普通变量完全一样，可以进行赋值、运算、输入、输出。

【例 c_task4-1-8】

```
int a[2][3];
a[0][2]=20;                   /* 对元素赋值   */
a[1][0]=a[0][0]/2;            /* 元素参与运算  */
printf("%d",a[1][2]);        /* 输出一个元素的值 */
```

【例 c_task4-1-9】

已知一个 5 行 6 列的数组，求所有元素的和。

```
#include<stdio.h>
```

```
main(){
    int a[5][6]={{1,2,3,4,5,6},{7,8,9,10,11,12},{13,14,15,16,17,18},
            {19,20,21,22,23,24},{25,26,27,28,29,30}},i,j;
    int sum1;
    /* 所有元素求和 */
    sum1=0;
    for(i=0; i<5; i++)                    //外循环的循环变量 i 控制数组行标变化
        for(j=0; j<6; j++)                //内循环的循环变量 j 控制数组列标变化
            sum1=sum1+a[i][j];
    printf("sum1=%d\n",sum1);             //输出所有元素的和
}
```

程序运行结果如图 4-6 所示。

sum1=465

图 4-6   程序运行结果

（3）二维数组的特性

二维数组的特性在于它的两个维度，在现实中，我们经常要处理二维的事务，如：一个学习小组有 5 个人，每个人有三门课的考试成绩。这是一个典型的二维问题，一维表示不同的人，一维表示课程门类，通常我们用二维表格来表示，如表 4-1 所示。

表 4-1   成绩表格

	张	王	李	赵	周
数学	80	65	90	96	78
语文	75	61	82	90	99
英语	92	71	73	86	89

而使用二维数组来存储表格中学生的成绩是十分恰当的，用第一维，俗称"行"来表达课程门类，第二维，俗称"列"来表示不同的人，如表 4-2 所示。正是由于二维数组的二维特性，使其能很好地表示二维数据信息，给使用者带来了便捷。

表 4-2   二维数组存储成绩数据示意图

i	j	0	1	2	3	4
		张	王	李	赵	周
0	数学	a[0][0] 80	a[0][1] 65	a[0][2] 90	a[0][3] 96	a[0][4] 78
1	语文	a[1][0] 75	a[1][1] 61	a[1][2] 82	a[1][3] 90	a[1][4] 99
2	英语	a[2][0] 92	a[2][1] 71	a[2][2] 73	a[2][3] 86	a[2][4] 89

【例 c_task4-1-10】

求上面学习小组每一科的平均成绩和总平均成绩。

```c
#include <stdio.h>
main(){
    int i, j;                    //二维数组下标，i 是行标，j 是列标
    int sum=0;                   //当前科目的总成绩
    int average;                 //总平均分
    int v[3];                    //各科平均分
                                 //用 a[3][5]来存放每个同学的各科成绩
    int a[3][5]={{80,65,90,96,78},{75,61,82,90,99},{92,71,73,86,89}};
    for(i=0; i<3; i++){
        for(j=0; j<5; j++){
            sum+=a[i][j];        //计算当前科目的总成绩
        }
        v[i]=sum/5;              //当前科目的平均分
        sum=0;
    }
    average =(v[0]+v[1]+v[2])/3;
    printf("数学：%d\n",v[0]);
    printf("语文：%d\n",v[1]);
    printf("英语：%d\n",v[2]);
    printf("Total:%d\n", average);
}
```

程序运行结果如图 4-7 所示。

图 4-7　程序运行结果

（4）使用二维数组的两个维度表示屏幕上点的位置信息，如图 4-8 所示。

如果将图 4-8 方格中的数字 2 图案，用一个整型数组 A[18][18]中存放的数值 0 和 1 表示出来，效果就如图 4-8（续）所示，这正是利用了二维数组的二维特性。

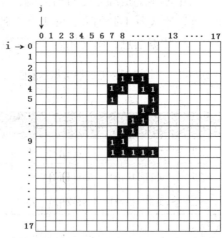

图 4-8　表格中的数字 2 的图案及存放在数组中信息的表示

```
A[18][18]={{0, 0, 0, 0, 0, 0, 0, 0, 0, 0, 0, 0, 0, 0, 0, 0, 0, 0},
           {0, 0, 0, 0, 0, 0, 0, 0, 0, 0, 0, 0, 0, 0, 0, 0, 0, 0},
           {0, 0, 0, 0, 0, 0, 0, 0, 0, 0, 0, 0, 0, 0, 0, 0, 0, 0},
           {0, 0, 0, 0, 0, 0, 0, 1, 1, 1, 0, 0, 0, 0, 0, 0, 0, 0},
           {0, 0, 0, 0, 0, 0, 0, 1, 1, 0, 1, 1, 0, 0, 0, 0, 0, 0},
           {0, 0, 0, 0, 0, 0, 0, 1, 0, 0, 0, 1, 0, 0, 0, 0, 0, 0},
           {0, 0, 0, 0, 0, 0, 0, 0, 0, 0, 1, 1, 0, 0, 0, 0, 0, 0},
           {0, 0, 0, 0, 0, 0, 0, 0, 0, 1, 1, 0, 0, 0, 0, 0, 0, 0},
           {0, 0, 0, 0, 0, 0, 0, 0, 1, 1, 0, 0, 0, 0, 0, 0, 0, 0},
           {0, 0, 0, 0, 0, 0, 0, 1, 1, 0, 0, 0, 0, 0, 0, 0, 0, 0},
           {0, 0, 0, 0, 0, 0, 0, 1, 1, 1, 1, 1, 0, 0, 0, 0, 0, 0},
           {0, 0, 0, 0, 0, 0, 0, 0, 0, 0, 0, 0, 0, 0, 0, 0, 0, 0},
           {0, 0, 0, 0, 0, 0, 0, 0, 0, 0, 0, 0, 0, 0, 0, 0, 0, 0},
           {0, 0, 0, 0, 0, 0, 0, 0, 0, 0, 0, 0, 0, 0, 0, 0, 0, 0},
           {0, 0, 0, 0, 0, 0, 0, 0, 0, 0, 0, 0, 0, 0, 0, 0, 0, 0},
           {0, 0, 0, 0, 0, 0, 0, 0, 0, 0, 0, 0, 0, 0, 0, 0, 0, 0},
           {0, 0, 0, 0, 0, 0, 0, 0, 0, 0, 0, 0, 0, 0, 0, 0, 0, 0},
           {0, 0, 0, 0, 0, 0, 0, 0, 0, 0, 0, 0, 0, 0, 0, 0, 0, 0}}
```

图 4-8　表格中的数字 2 的图案及存放在数组中信息的表示（续）

接下来，我们来进一步说明数组行列下标与屏幕坐标的关系。如图 4-9 所示，假设小方格的边长为 20，图中箭头指向的小圆圈中黑色小方格左上角点的坐标与存放小方格中数值 1 的数组元素 A[4][7]的两个下标关系是(7*20,4*20)。明确了这种关系，我们就可以编写程序，很容易地画出方格图中的数字 2 的图案。

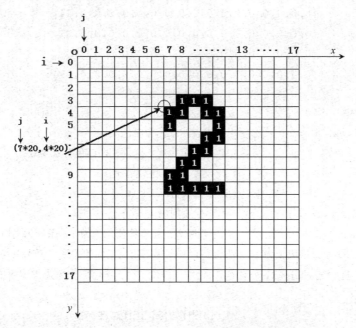

图 4-9　二维数组下标与屏幕坐标的关系示意图

【例 c_task4-1-11】

画出图 4-9 中数字 2 的图案。

```
#include<graphics.h>
#include<conio.h>  //为了使用getch()函数，引入conio.h 头文件
main(){
    /*定义存放数字2图案的数组及初始化数值*/
    int a[18][18]={{0,0,0,0,0,0,0,0,0,0,0,0,0,0,0,0,0,0},
                   {0,0,0,0,0,0,0,0,0,0,0,0,0,0,0,0,0,0},
                   {0,0,0,0,0,0,0,0,0,0,0,0,0,0,0,0,0,0},
                   {0,0,0,0,0,0,0,0,0,1,1,1,0,0,0,0,0,0},
                   {0,0,0,0,0,0,0,1,1,0,1,1,0,0,0,0,0,0},
                   {0,0,0,0,0,0,0,1,0,0,0,1,0,0,0,0,0,0},
                   {0,0,0,0,0,0,0,0,0,0,1,1,0,0,0,0,0,0},
                   {0,0,0,0,0,0,0,0,0,1,1,0,0,0,0,0,0,0},
                   {0,0,0,0,0,0,0,0,1,1,0,0,0,0,0,0,0,0},
                   {0,0,0,0,0,0,0,1,1,0,0,0,0,0,0,0,0,0},
                   {0,0,0,0,0,0,1,1,1,1,1,0,0,0,0,0,0,0},
                   {0,0,0,0,0,0,0,0,0,0,0,0,0,0,0,0,0,0},
                   {0,0,0,0,0,0,0,0,0,0,0,0,0,0,0,0,0,0},
                   {0,0,0,0,0,0,0,0,0,0,0,0,0,0,0,0,0,0},
                   {0,0,0,0,0,0,0,0,0,0,0,0,0,0,0,0,0,0},
                   {0,0,0,0,0,0,0,0,0,0,0,0,0,0,0,0,0,0},
                   {0,0,0,0,0,0,0,0,0,0,0,0,0,0,0,0,0,0},
                   {0,0,0,0,0,0,0,0,0,0,0,0,0,0,0,0,0,0}};
    int i,j;
    initgraph(640,480);           //屏幕初始化
    setbkcolor(WHITE);            //设置背景色为白色
    cleardevice();                //用背景色清空屏幕，即白色背景生效
    setfillcolor(BLACK);          //设置填充颜色为黑色
    for(i=0; i<18; i++)           //i 代表行标
        for(j=0; j<18; j++){      //j 代表列标
            if(a[i][j]==1)        // 判断数组元素的值是否为1，条件为真填充小方格
                //由于小方格边长为20，根据行标和列标与角点坐标的关系，填充小方格
                fillrectangle(j*20, i*20, j*20+20, i*20+20);
        }
    getch();                      //使程序暂停，按任意键继续
    closegraph( );
}
```

程序运行结果如图 4-10 所示。

图 4-10 程序运行结果

任务实施

（1）画示意图

在 SmartDraw 软件中画一张草图，将颜色方格用数字表示，1 表示绿色，2 表示黑色，3 表示红色，假设小方格的边长为 10，如图 4-11 所示。

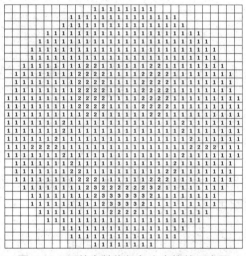

图 4-11 用数字替代颜色小方格的示意图

（2）创建工程

打开 VC6.0 集成开发环境，选择"文件"→"新建"菜单命令，打开"新建"对话框，如图 4-12 所示。在工程列表中，选择 Win32 Console Application。在"工程名称"文本框中，输入新工程的名称，如"c_paint1"，单击 确定 按钮，完成工程的创建。当然也不是每一次都需要创建工程，如果在原有的工程中创建源程序文件，则只需要打开原有工程。

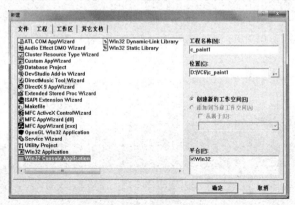

图 4-12 新建工程

（3）创建源程序文件

选择"文件"→"新建"菜单命令，打开"新建"对话框，如图 4-13 所示。在文件列表中，选择 C++ Source File。在"文件名"文本框中，输入源程序名称，如"c_practice4-1-1"，单击 确定 按钮，完成源程序文件的创建。

图 4-13　新建文件

（4）编写程序代码

在代码编辑区键入以下代码。

【例 c_practice4-1-1】

分析：将图 4-11 方格图案中的数值信息存放在二维数组中，然后通过循环，根据数组元素不同的值来填充不同颜色的小方格，从而画出图案。

```c
/*使用循环画出笑脸图案*/

#include<graphics.h>
#include<conio.h>   //为了使用getch()函数，引入conio.h头文件
main(){
    /*定义存放图4-11中表示笑脸图案的数值的数组并初始化*/
    int a[30][30]={
        {0,0,0,0,0,0,0,0,0,0,0,1,1,1,1,1,1,1,1,0,0,0,0,0,0,0,0,0,0,0},
        {0,0,0,0,0,0,0,0,1,1,1,1,1,1,1,1,1,1,1,1,1,1,1,0,0,0,0,0,0,0},
        {0,0,0,0,0,0,0,1,1,1,1,1,1,1,1,1,1,1,1,1,1,1,1,1,0,0,0,0,0,0},
        {0,0,0,0,0,1,1,1,1,1,1,1,1,1,1,1,1,1,1,1,1,1,1,1,1,0,0,0,0,0},
        {0,0,0,0,1,1,1,1,1,1,1,1,1,1,1,1,1,1,1,1,1,1,1,1,1,1,0,0,0,0},
        {0,0,0,1,1,1,1,1,1,1,1,1,1,1,1,1,1,1,1,1,1,1,1,1,1,1,1,0,0,0},
        {0,0,0,1,1,1,1,1,1,1,1,1,1,1,1,1,1,1,1,1,1,1,1,1,1,1,1,0,0,0},
        {0,0,1,1,1,1,1,1,1,1,2,2,1,1,1,1,1,1,2,2,1,1,1,1,1,1,1,1,0,0},
        {0,1,1,1,1,1,1,1,1,2,2,2,2,1,1,1,1,2,2,2,2,1,1,1,1,1,1,1,1,0},
        {0,1,1,1,1,1,1,1,1,2,2,2,2,1,1,1,1,2,2,2,2,1,1,1,1,1,1,1,1,0},
        {0,1,1,1,1,1,1,1,1,2,2,2,2,1,1,1,1,2,2,2,2,1,1,1,1,1,1,1,1,0},
        {1,1,1,1,1,1,1,1,1,2,2,2,2,1,1,1,1,2,2,2,2,1,1,1,1,1,1,1,1,1},
```

```
          {1,1,1,1,1,1,1,1,1,2,2,2,2,1,1,1,1,2,2,2,2,1,1,1,1,1,1,1,1,1},
          {1,1,1,1,1,1,1,1,1,1,2,2,1,1,1,1,1,1,2,2,1,1,1,1,1,1,1,1,1,1},
          {1,1,1,1,1,1,1,2,1,1,1,1,1,1,1,1,1,1,1,1,1,1,2,1,1,1,1,1,1,1},
          {1,1,1,1,1,1,1,2,1,1,1,1,1,1,1,1,1,1,1,1,1,1,2,1,1,1,1,1,1,1},
          {1,1,1,1,1,1,1,2,1,1,1,1,1,1,1,1,1,1,1,1,1,2,1,1,1,1,1,1,1,1},
          {1,1,1,2,2,2,2,1,1,1,1,1,1,1,1,1,1,1,1,1,1,1,2,2,2,2,1,1,1,1},
          {1,1,1,1,1,1,1,2,1,1,1,1,1,1,1,1,1,1,1,1,2,1,1,1,1,1,1,1,1,1},
          {0,1,1,1,1,1,1,1,2,1,1,1,1,1,1,1,1,1,1,2,1,1,1,1,1,1,1,1,1,0},
          {0,1,1,1,1,1,1,1,2,2,1,1,1,1,1,1,1,1,2,2,1,1,1,1,1,1,1,1,1,0},
          {0,1,1,1,1,1,1,1,2,2,2,1,1,1,1,1,1,2,2,2,1,1,1,1,1,1,1,1,1,0},
          {0,0,1,1,1,1,1,1,1,2,3,2,2,2,2,2,2,3,2,1,1,1,1,1,1,1,1,0,0},
          {0,0,0,1,1,1,1,1,1,2,3,3,3,3,3,3,2,1,1,1,1,1,1,1,0,0,0},
          {0,0,1,1,1,1,1,1,1,1,2,3,3,3,3,2,1,1,1,1,1,1,1,1,0,0,0},
          {0,0,0,1,1,1,1,1,1,1,2,2,2,2,1,1,1,1,1,1,1,1,1,1,0,0,0},
          {0,0,0,0,1,1,1,1,1,1,1,1,1,1,1,1,1,1,1,1,1,1,0,0,0,0},
          {0,0,0,0,0,1,1,1,1,1,1,1,1,1,1,1,1,1,1,1,0,0,0,0,0,0},
          {0,0,0,0,0,0,1,1,1,1,1,1,1,1,1,1,1,1,1,0,0,0,0,0,0,0},
          {0,0,0,0,0,0,0,0,1,1,1,1,1,1,1,1,1,0,0,0,0,0,0,0,0,0}};

    int i,j;
    initgraph(640,480);              //屏幕初始化
    setbkcolor(WHITE);               //设置背景色为白色
    cleardevice();                   //用背景色清空屏幕，即白色背景生效
    setfillcolor(BLACK);
    for(i=0; i<30; i++)              //i 代表行标
        for(j=0; j<30; j++){         //j 代表列标
            if(a[i][j]==1){ /*判断数组元素的值是否为1，条件为真，用绿色填充小
                            方格*/
            //由于小方格边长为10，根据行标和列标与角点坐标的关系，填充小方格
                setfillcolor(GREEN);
                fillrectangle(j*10, i*10, j*10+10, i*10+10);
            }else if(a[i][j]==2){ /*判断数组元素的值是否为1，条件为真，用黑色
                            填充小方格*/
                setfillcolor(BLACK);
                fillrectangle(j*10, i*10, j*10+10, i*10+10);
            }else if(a[i][j]==3){ /*判断数组元素的值是否为1，条件为真，用红色
                            填充小方格*/
                setfillcolor(RED);
                fillrectangle(j*10, i*10, j*10+10, i*10+10);
            }
```

```
    }
    getch();                    //使程序暂停，按任意键继续
    closegraph( );
}
```

（5）编译程序并运行

编译程序，如果无错误，单击运行，结果如图 4-14 所示。

图 4-14　程序运行结果

实践训练

（1）使用图形函数在屏幕上画出米老鼠图案，设小方格的边长为 10，如图 4-15 所示。
要点分析：

① 图案是由不同色彩的小方格构成的，用一个二维数组存储不同位置小方格的颜色信息，比如：0 代表白色，1 代表黄色，2 代表深棕色，3 代表浅棕色，4 代表黑色，等等。

② 利用二维数组的行标和列标与屏幕坐标的关系，绘制图中的每一个小方格。

③ 关键步骤，用 SmartDraw 软件画坐标草图→创建工程（如果事先已创建，可省略）→创建源程序文件→编写程序代码→编译改错→运行程序。

（2）使用图形函数在屏幕上画出小鸭图案，设小方格的边长为 10，如图 4-16 所示。

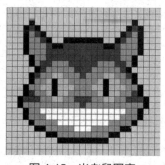

图 4-15　米老鼠图案

图 4-16　小鸭图案

任务二　使用图形函数在屏幕上画艺术图案

任务说明

在生活中，我们经常看到很多艺术作品，其中一些优美的对称图案给我们留下了深刻

的印象，很多对称图案都是通过简单图形不断重复来实现的。本次任务，我们将在屏幕上绘制如图 4-17 所示的对称图案。

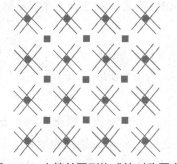

图 4-17 由简单图形构成的对称图案

 相关知识

4.3 格式输入函数

数据输入是指把从键盘上输入的数据赋给变量。同赋值一样，数据输入也可以使变量获得一个新的值。数据输入是程序的一个重要特征，程序能够根据输入数据的不同进行相应的处理，大大拓宽了程序的处理能力。

scanf 函数是一个常用的输入数据的库函数，使用 scanf 时需要包含头文件 stdio.h。scanf 的使用格式如下：

```
scanf("格式字符串", &变量1, &变量2, ......);
```

scanf 里面有格式字符串，包含有格式字符，其中"%d"代表整数，"%f"代表实型数。scanf 中，变量要以地址的形式给出，也就是变量名前面应该加"&"符号。下面以几个语句为例来说明它的用法。

【例 c_task4-2-1】

```
scanf("%d",&u);        /*从键盘输入一个整数给变量 u，注意变量名前要加字符 "&" */
scanf("%f",&v);        /*从键盘输入一个实型数给变量 v*/
scanf("%d %d",&x,&y);  /*输入两个整数分别给变量 x 和 y。注意输入时两个数要用空
                         格、回车或者 Tab 键来隔开*/
scanf("%f %d",&a1,&a2); /*输入一个实型数和一个整数分别给变量 a1 和 a2（注意输
                         入时两个数要用空格、回车或者 Tab 键来隔开）*/
```

用 scanf 函数输入数据时，注意输入的格式应按照格式字符串。

【例 c_task4-2-2】

下面三个语句中，如果要让 a1 得到值 10、a2 得到值 20，应按照语句右边注释中的格式输入。

```
scanf("%d %d",&a1,&a2);   /*应输入 10 20 */
scanf("%d,%d",&a1,&a2);   /*应输入 10,20 */
scanf("%d+%d",&a1,&a2);   /*应输入 10+20 */
```

可以多次给同一个变量输入数据，但新输入的数据将会覆盖原来的值。

【例 c_task4-2-3】

以下两个语句在执行时，如果输入 7 和 2 两个数，x 得到的数是 2，前面输入的数据 7 被覆盖。

```
scanf("%d",&x);      /*此句执行后 x 的值是 7*/
scanf("%d",&x);      /*此句执行后 x 的值是 2，原来的 7 被覆盖*/
```

【例 c_task4-2-4】

我们来完成一个编程，输入一个实型数，输出它的平方。

分析：（1）定义两个实型变量 x 和 y 分别代表要输入的实型数与它的平方；（2）在输入之前先用 printf 在屏幕显示"请输入一个实型数："作为提示信息，这样能够使得程序的界面更加友好。

程序如下：

```
#include <stdio.h>
main()
{
    float x,y;    /* x 表示输入的数，y 表示其平方数 */
    printf("请输入一个实型数：");
    scanf("%f",&x);
    y=x*x;
    printf("其平方是%f\n",y);
}
```

下面运行该程序 2 次，以测试程序是否正确（本题运行 1 次也可以），如图 4-18 所示。

图 4-18　程序运行结果

scanf() 函数中用到的格式字符如表 4-3 所示。

表 4-3　scanf 函数中常用的格式字符

格 式 字 符	说　　　　明
%d	用来输入带符号的十进制整数
%u	以无符号十进制整数形式输入
%f	用来输入单精度浮点数小数，默认 6 位小数，输入双精度浮点数用%lf
%c	用来输入字符
%s	用来输入字符串

4.4　switch 多分支结构

C 语言虽然没有限制 if-else 能够处理的分支数量，但当分支过多时，用 if-else 处理会不太方便，而且容易出现 if-else 配对出错的情况。switch 是另外一种选择结构的语句，用来代替简单的、拥有多个分支的 if-else 语句，基本格式如下，结构流程图如图 4-19 所示。

```
switch(表达式){
    case 整型数值 1：
        语句组 1；
        break；
    case 整型数值 2：
        语句组 2；
        break；
        ......
    case 整型数值 n：
        语句组 n；
        break；
    default：语句组 n+1；
}
```

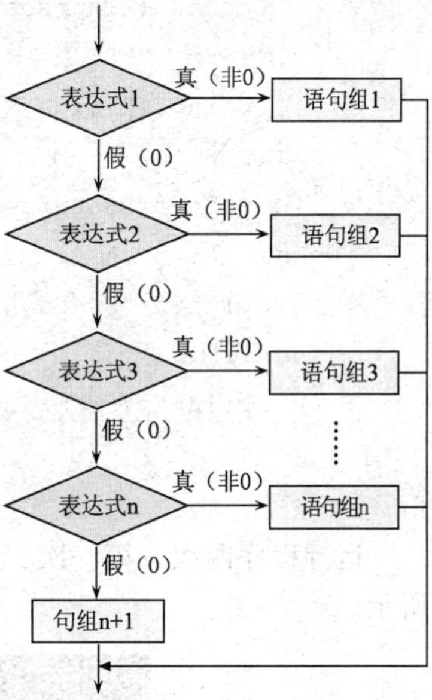

图 4-19　switch 多分支结构流程图

它的执行过程是：

① 首先计算"表达式"的值，假设为 m。

② 从第一个 case 开始，比较"整型数值 1"和 m，如果它们相等，就执行冒号后面的"语句组 1"，再执行 break 语句退出 switch 结构，执行其后的程序代码。

③ 如果"整型数值 1"和 m 不相等，就跳过冒号后面的"语句组 1"，继续比较第二个 case、第三个 case……一旦发现和某个整型数值相等了，就会执行后面的语句组。假设 m 和"整型数值 5"相等，那么就会执行"语句组 5"，再执行 break 语句退出 switch 结构，执行其后的程序代码。

④ 如果直到最后一个"整型数值 n"都没有找到相等的值，那么就执行 default 后的"语句组 n+1"，再执行其后的程序代码。

【例 c_task4-2-5】

```
#include <stdio.h>
main(){
    int a；
    printf("请输入一个整数:")；
    scanf("%d",&a)；
    switch(a){
        case 1：
            printf("Monday\n")； break；
        case 2：
            printf("Tuesday\n")； break；
        case 3：
```

```
        printf("Wednesday\n"); break;
    case 4:
        printf("Thursday\n"); break;
    case 5:
        printf("Friday\n"); break;
    case 6:
        printf("Saturday\n"); break;
    case 7:
        printf("Sunday\n"); break;
    default:
        printf("error\n"); break;
    }
}
```

运行程序两次，第一次，从键盘输入 5，第二次，输入 3，程序运行结果如图 4-20 所示。

图 4-20　程序运行结果

4.5　坐标平移变换

在中学时，我们学过坐标平移知识，这一节，我们来回顾一下坐标平移的相关知识，以便后面绘制图案时使用。

一个图形整体沿着一个方向移动一定的距离，这种移动称为平移。如图 4-21 所示，图形从 a 处移动到 b 处，形状和大小没有改变，只是位置发生了改变。

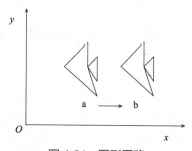

图 4-21　图形平移

我们进一步来看一下图形在移动后坐标的变化，如图 4-22 所示。△ABC 平移到△A1B1C1 是沿着 x 轴移动了 5 个单位，C(-2,3)点移到 C1(3,3)点，横坐标值增加了 5 个单位，纵坐标值不变。其他点同理可知也是横坐标值增加了 5 个单位，纵坐标值不变。假如原图形上点的坐标是(x,y)，沿横坐标轴移动的距离是 a，移动后图形上点的坐标是(x+a,y)。同理，如果图形沿纵坐标轴移动的距离是 b，移动后图形上点的坐标是(x,y+b)。那么△ABC 平移到△A2B2C2 的位置时坐标是(x+a,y+b)。

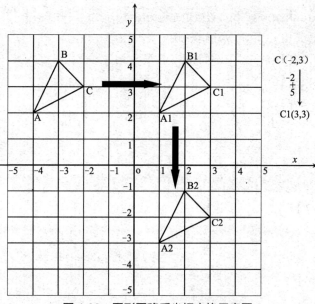

图 4-22　图形平移后坐标变换示意图

接下来，我们先画一个小图案，如图 4-23 所示。小图案由一个小填充圆和 4 根线段构成，由于有坐标尺，我们很容易确定出圆心坐标、半径长度和线段的端点坐标。下面我们来编写画图程序和平移程序——【例 c_task4-2-6】和【例 c_task4-2-7】。

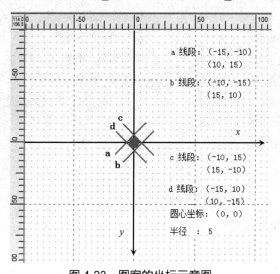

图 4-23　图案的坐标示意图

【例 c_task4-2-6】

```c
#include<graphics.h>
#include<conio.h>              //为了使用 getch()函数，引入 conio.h 头文件
main(){
    initgraph(640,480);
    setcolor(GREEN);           //设置画线颜色为绿色
```

67

```
    setfillcolor(GREEN);          //设置填充色为绿色
    fillcircle(0,0,5);            //画填充圆
    line(-15,-10,10,15);          //画线段
    line(-10,-15,15,10);
    line(-10,15,15,-10);
    line(-15,10,10,-15);
    getch();
    closegraph();
}
```

【例 c_task4-2-7】

```
#include<graphics.h>
#include<conio.h>                      //为了使用 getch()函数，引入 conio.h 头文件
#include<stdio.h>
main(){
    int a,b;                           //图形沿 x 轴平移量 a，图形沿 y 轴平移量 b
    printf("请输入水平平移量 a 和垂直平移量 b: ");        //输入提示
    scanf("%d%d",&a,&b);               //等待键盘输入两个整型数
    initgraph(640,480);
    setcolor(GREEN);                   //设置画线颜色为绿色
    setfillcolor(GREEN);               //设置填充色为绿色
    fillcircle(0+a,0+b,5);             //画填充圆，横纵坐标值要加上平移量
    line(-15+a,-10+b,10+a,15+b);       //画线段，横纵坐标值要加上平移量
    line(-10+a,-15+b,15+a,10+b);
    line(-10+a,15+b,15+a,-10+b);
    line(-15+a,10+b,10+a,-15+b);
    getch();
    closegraph();
}
```

运行程序两次，第 1 次输出：（50，100），第 2 次输入：（150，100），程序运行结果如图 4-24 所示。

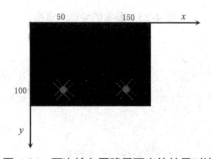

图 4-24　两次输入平移量画出的结果对比

任务实施

（1）任务分析

要画的对称图案实际上是由两个简单图形构成，如图 4-25 所示。问题的关键在于如何将图形分布在平面上。它们的位置关系我们用图 4-26 来分析一下。假设图中方格的边长为 20，用 1 代表图 4-25（a）图形，2 代表图 4-25（b）图形，0 代表此处无图形，我们可以用一个 8×8 的数组元素来存放 0、1 或 2，来表示该行标和列标交叉点处是什么类型图案。前面我们讲过行标和列标与交叉点的坐标换算关系，如此可用程序绘制图案。根据图案在方格图中的位置，我们将图形的类别信息存储到 a[8][8] 数组中：

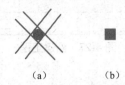

(a)　　　　(b)

图 4-25　构成对称图案的两个简单图形

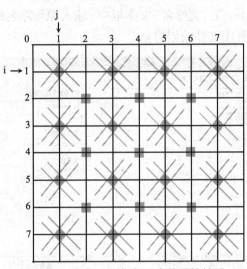

图 4-26　行标和列标与图案位置的关系

A[8][8]={{0,0,0,0,0,0,0,0},{0,1,0,1,0,1,0,1},
　　　　{0,0,2,0,2,0,2,0},{0,1,0,1,0,1,0,1},
　　　　{0,0,2,0,2,0,2,0},{0,1,0,1,0,1,0,1},
　　　　{0,0,2,0,2,0,2,0},{0,1,0,1,0,1,0,1}};

（2）创建工程

打开 VC6.0 集成开发环境，选择"文件"→"新建"菜单命令，打开"新建"对话框，如图 4-27 所示。在工程列表中，选择 Win32 Console Application。在"工程名称"文本框中，输入新工程的名称，如"c_paint1"，单击 确定 按钮，完成工程的创建。当然也不是每一次都需要创建工程，如果在原有的工程中创建源程序文件，则只需要打开原有工程。

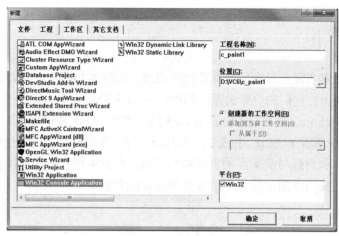

图 4-27　新建工程

（3）创建源程序文件

选择"文件"→"新建"菜单命令，打开"新建"对话框，如图 4-28 所示。在文件列表中，选择 C++ Source File。在"文件名"文本框中，输入源程序名称，如"c_practice4-2-1"，单击 确定 按钮，完成源程序文件的创建。

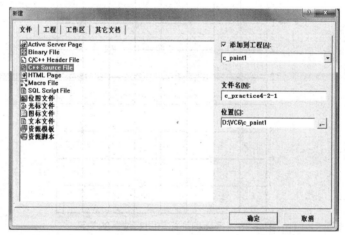

图 4-28　新建文件

（4）编写程序代码

【例 c_practice4-2-1】

```
#include<graphics.h>
#include<conio.h>          //为了使用getch()函数，引入conio.h 头文件
#include<stdio.h>
main(){
    /*定义存放图形类别信息到数组元素中*/
    int a[8][8]={{0,0,0,0,0,0,0,0},{0,1,0,1,0,1,0,1},
            {0,0,2,0,2,0,2,0},{0,1,0,1,0,1,0,1},
            {0,0,2,0,2,0,2,0},{0,1,0,1,0,1,0,1},
```

```
                  {0,0,2,0,2,0,2,0},{0,1,0,1,0,1,0,1}}};
    int i,j;                    //定义行标和列标

    initgraph(640,480);
    setcolor(GREEN);            //设置画线颜色为绿色
    setfillcolor(GREEN);        //设置填充色为绿色
    for(i=0; i<8; i++)
        for(j=0; j<8; j++){
            switch(a[i][j]){
            case 1:
                //画填充圆，横纵坐标值要加上平移量
                fillcircle(0+j*20,0+i*20,5);
                //画线段，横纵坐标值要加上平移量
                line(-15+j*20,-10+i*20,10+j*20,15+i*20);
                line(-10+j*20,-15+i*20,15+j*20,10+i*20);
                line(-10+j*20,15+i*20,15+j*20,-10+i*20);
                line(-15+j*20,10+i*20,10+j*20,-15+i*20);
                break;
            case 2:
                /*填充正方形，由于平移坐标是以正方形中心为参考点，需要换
                算成左上角点和右下角点的坐标*/
                fillrectangle(-5+j*20,5+i*20,5+j*20,-5+i*20);
                break;
            }
        }
    getch();
    closegraph();
}
```

（5）编译程序并运行

编译程序，如果无错误，单击运行，结果如图 4-29 所示。

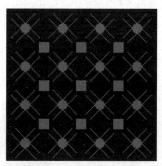

图 4-29　程序运行结果

实践训练

绘制如图 4-30 所示的艺术图案。

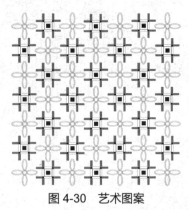

图 4-30　艺术图案

要点分析：

首先，我们要从图案中找到基本图形元素。在图案中有两个基本图形，如图 4-31 所示。先以屏幕原点为图形的中心点，编写程序代码绘制出两个基本的图形，参照【例 c_practice4-2-1】，首先用一个二维数组，将图案中图形类别存放在数组元素中，利用双循环和数组行标及列标与基本图形所在位置的坐标关系，通过平移绘制出图案。

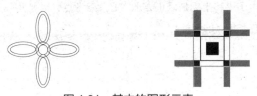

图 4-31　基本的图形元素

扫一扫在线测

项目 五 使用 C 语言图形函数画数学曲线

学习目标

- 掌握格式输出函数的使用方法
- 掌握算法和程序结构设计知识
- 掌握数学曲线的画法

项目描述

本项目将学习格式输出函数的使用方法、算法和程序结构设计知识，重点是学习数学曲线图像的绘制，并构建丰富多彩的曲线图案。

任务一 在屏幕上画出十字渐开线图案

任务说明

从幼儿时代牙牙学语的"1 像小棒、2 像小鸭、3 像耳朵……"的直观形象，到"~"（曲线线条），我们有小溪流水、随波逐流的流动乐章之美，再到"∈"（属于符号），它形象地表现了一种归属关系的美感，特别是优美的数学曲线，更是数学形象美与和谐结合的产物。

本次任务，我们将使用 C 语言的画点等图形函数绘制出十字渐开线，让我们充分感受曲线之美，如图 5-1 所示。

图 5-1 十字渐开线曲线图案

相关知识

5.1 格式输出函数 printf()

printf 函数称为格式输出函数，其功能是按用户指定的格式，把指定的数据显示到显示器屏幕上。在前面的例题中我们已多次使用过这个函数。

printf 函数是一个标准库函数，它的函数原型在头文件"stdio.h"中。在使用 printf 函数之前必须包含 stdio.h 文件。printf 函数调用的一般形式为：

函数调用格式 1：printf("普通字符串")；
函数调用格式 2：printf("格式控制字符串"，输出列表)；

函数功能：格式 1 的功能是将"普通字符串"原样输出；格式 2 的功能是按"格式控制字符串"所规定的格式，将"输出列表"中各输出列表项的值输出到标准输出设备中去。

【例 c_task5-1-1】

语句 printf("hello,world")；可在屏幕输出：hello,world

分析以下语句的输出结果：

printf("a is %d,b is %f,c is %d\n",23, 5.04, 39);

如图 5-2 所示，双引号中"a is   , b is   , c is"是普通字符串（注意，包括","号），将原样输出。%d、%f、%d 是格式控制字符，用来控制其所在位置应输出的数据类型，其值由输出列表中对应列表项的数据来确定。

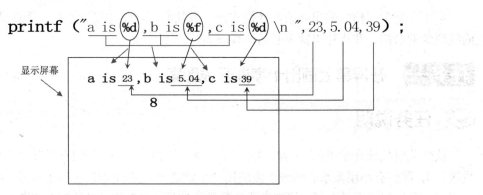

图 5-2　格式输出函数输出说明

格式控制字符由%开头，后跟格式控制符，如表 5-1 所示。

表 5-1　printf 函数中常用到的格式控制字符

格式控制字符	说　　明
%d	用来输出带符号的十进制整数
%u	以无符号十进制整数形式输出
%f	用来输出单精度浮点数小数，默认 6 位小数，输出双精度浮点数用%lf
%c	用来输出字符
%s	用来输出字符串
%e 或%E	以指数形式输出浮点数，用%e 则指数标志符号 e 以小写形式输出，用%E 则以大写形式输出

【例 c_task5-1-2】

```
#include <stdio.h>
main(void){
    int a=88,b=89;
    printf("%d %d\n",a,b);
    printf("%d,%d\n",a,b);
    printf("a=%d,b=%d\n",a,b);
}
```

程序运行结果如图 5-3 所示，注意：双引号中除了格式控制字符和转义字符外，其他都是普通字符，普通字符将原样输出。

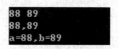

图 5-3　程序运行结果

可以在"%"和字母之间插进数字表示显示数据的位数。

例如"%3d"表示输出 3 位整型数，不够 3 位右对齐。

"%9.2f"表示输出的位数为 9 的浮点数，其中小数位数为 2，整数位数为 7，不够 9 位右对齐。

如果整型数位数超过说明的位数，将按其实际长度输出。但对浮点数，若整数部分位数超过了说明的整数位数，将按实际整数位输出；若小数部分位数超过了说明的小数位数，则按说明的宽度以四舍五入输出。

【例 c_task5-1-3】

```
#include<stdio.h>
main(){
    int a=1234;
    float f=3.141592653589;
    double x=0.12345678987654321;
    printf("a=%d\n",a);         /*结果输出十进制整数 a=1234*/
    printf("a=%6d\n",a);        /*结果输出 6 位十进制数 a=1234*/
    printf("a=%2d\n",a);        /*a 超过 2 位，按实际值输出 a=1234*/
    printf("f=%f\n",f);         /*输出浮点数 f=3.141593*/
    printf("f=%6.4f\n",f);      /*输出 6 位其中小数点后 4 位的浮点数 f=3.1416*/
    printf("x=%lf\n",x);        /*输出长浮点数 x=0.123457*/
    printf("x=%18.16lf\n",x);   /*输出 18 位其中小数点后 16 位的长浮点
                            x=0.1234567898765432*/
}
```

程序运行结果如图 5-4 所示。

图 5-4　程序运行结果

5.2　算法与结构化程序设计

算法（Algorithm）是指解题方案的准确而完整的描述，是一系列解决问题的清晰指令，算法代表着用系统的方法描述解决问题的策略机制。也就是说，利用算法，我们能够对一定规范的输入，在有限时间内获得所要求的输出。

对于可用计算机程序处理的问题来说，程序中所用到的数据以及对这些数据的类型和数据组织形式的描述称之为"数据结构"。

著名计算机科学家沃思（Nikiklaus Wirth）提出一个公式：

程序=数据结构+算法

直到现在，对于面向过程的程序设计来说这个公式依然适用。下面以【例 c_task5-1-4】为例，分析其程序实现需要包括的两方面信息：数据结构和算法。

【例 c_task5-1-4】

计算并输出半径为 r 的圆的面积。

```
#include<stdio.h>                    //引入标准输入输出头文件
#define  IP 3.1415926               //预定义字符常量 IP，其值为 3.1415926
main(){
    float r,area;                    //数据准备，定义半径 r 和面积 area
    printf("请输入半径: ");          //提示语
    scanf("%f",&r);                  //输入半径 r
    area=IP*r*r;                     //数据计算，将结果赋给 area
    printf("该圆的面积为: %f.",area); //结果输出，输出圆面积值
}
```

分析：

① 数据结构

要计算半径为 r 的圆的面积，需要的数据包括半径、圆的面积以及圆周率的值，其中圆周率为浮点型常量，半径和圆的面积为未知量，这就需要准备两个变量，分别存放半径和圆的面积。通过分析可以看出，这两个变量的类型为浮点型比较合适。其用到的数据结构比较简单，即 3 个浮点型数据。

② 算法

根据题目要求，用 r 表示半径，area 表示面积，其算法如下：

步骤 1：输入半径 r 值；

步骤 2：根据圆的面积公式计算 area；

步骤 3：输出圆的面积计算结果。

对于同一个问题可以有不同的解题方法和步骤，也就是有不同的算法。算法有优有劣，一般来说，算法的设计应充分考虑执行效率和内存开销，即算法的时间复杂度和空间复杂度。

（1）算法描述

算法的描述有多种方法，常用的有自然语言、传统流程图、N-S 流程图、伪码等。其中最为常用的是流程图。

流程图使用一些规定的图框表示各种操作，用箭头表示算法的流程，这种描述方法直观形象，易于理解。美国国家标准学会（ANSI）规定了一些常用的流程图符号，已被软件开发人员普遍采用，如表 5-2 所示。

表 5-2 流程图符号

图形符号	名　称	含　义
	起始框	算法的起点和终点
	输入、输出框	数据的输入和输出
	处理框	各种形式数据的处理
	判断框	判断条件是否成立
	特定过程	一个特定的过程，如函数
→	流程线	连接各个图框，表示执行的顺序
○	连接点	表示与流程图其他部分相连

一般情况下，在编写一个复杂的程序之前，要先画流程图，它是程序实现方法的形象描述。流程图的每一个框表示一段程序的功能，各框内写明要做的事情，说明要简洁、准确。

对【例 c_task5-1-4】的算法描述，如果使用流程图方法来表示的话，可如图 5-5（a）和图 5-5（b）所示。

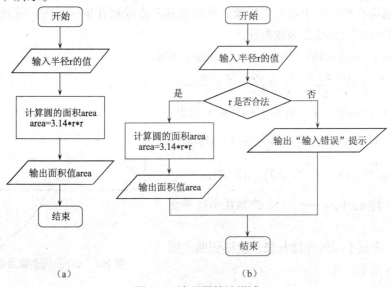

（a）　　　　　　　　（b）

图 5-5　流程图算法描述

（2）基本程序结构

结构化程序设计的三种基本结构是：顺序结构、选择结构和循环结构。

① 顺序结构。顺序结构表示程序中的各操作是按照它们出现的先后顺序来执行的。

② 选择结构。选择结构表示程序的处理步骤出现了分支，它需要根据某一特定的条件选择其中的一个分支执行。选择结构有单选择、双选择和多选择三种形式。

③ 循环结构。循环结构表示程序反复执行某个或某些操作，直到某条件为假时才可终止循环。在循环结构中最主要的问题是：什么情况下执行循环，哪些操作需要循环执行。循环结构的基本形式有两种：当型循环和直到型循环。

当型循环：表示先判断条件，当满足给定的条件时执行循环体，并且在循环终端处流程自动返回到循环入口；如果条件不满足，则退出循环体直接到达流程出口处。因为是"当条件满足时执行循环"，即先判断后执行，所以称为当型循环。

直到型循环：表示从结构入口处直接执行循环体，在循环终端处判断条件；如果条件满足，返回入口处继续执行循环体，直到条件为假时再退出循环到达流程出口处，是先执行后判断。因为是"直到条件为假时为止"，所以称为直到型循环。

（3）结构化程序设计及原则

结构化程序设计的基本思想是采用自顶向下、逐步求精的程序设计方法和"单入口单出口"的控制结构。自顶向下、逐步求精的程序设计方法从问题本身开始，经过逐步细化，将解决问题的步骤分解为由基本程序结构模块组成的结构化程序框图；"单入口单出口"的思想认为一个复杂的程序，如果它仅是由顺序、选择和循环三种基本程序结构通过组合、嵌套构成的，那么这个新构造的程序一定是一个"单入口单出口"的程序。据此就很容易编写出结构良好、易于调试的程序来。

5.3 描点画图法

在学数学函数的时候，我们经常要画函数曲线，通常就是使用描点法来画出函数的图像。所谓描点法，就是计算满足数学函数的多个自变量和因变量（就是函数值）构成的有序数对，也就是在坐标系中点的坐标值，然后把这些点绘制在坐标系中，并将点平滑地连接起来，所形成的图像称为函数曲线。

比如绘制 y=sin(x)函数（0≤x≤2π）的曲线图像。

步骤 1：取 x=0，$\frac{\pi}{4}, \frac{\pi}{2}, \frac{3\pi}{4}, \pi, \frac{5\pi}{4}, \frac{3\pi}{2}, \frac{7\pi}{4}, 2\pi$；

步骤 2：计算函数 y 值，得到坐标平面上的点，a(0,0)，b($\frac{\pi}{4}$,0.7)，c($\frac{\pi}{2}$,1)，d($\frac{3\pi}{4}$,0.7)，e(π,0)，f($\frac{5\pi}{4}$,-0.7)，g($\frac{3\pi}{2}$,-1)，h($\frac{7\pi}{4}$,-0.7)，i(2π,0)；

步骤 3：将 a，b，……，i 点绘制在坐标平面上；

步骤 4：将点平滑的连接起来，就得到曲线图像，如图 5-6 所示。

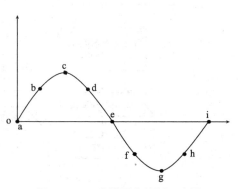

图 5-6　sin 曲线图像绘制示意图

5.4　C 语言图形函数 3

（1）画点函数：void putpixel(int x,int y,int color);

参数 x,y 为像素点的坐标，color 是该像素点的颜色，它可以是颜色符号名，也可以是整型色彩值。此函数相应的头文件是 graphics.h，返回值：无。

如在屏幕上(70,40)处画一个红色像素点：

```
putpixel(70,40,RED);
```

如图 5-7 所示。

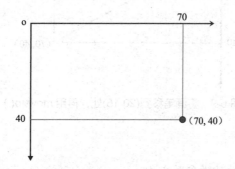

图 5-7　在屏幕(70,40)处画一个红色点的示意图

（2）移动画笔函数：void moveto(int x,int y);

参数 x,y 为像素点的坐标，函数功能是将画笔移动到参数指定的坐标(x,y)的位置。此函数相应的头文件是 graphics.h，返回值：无。

如：将画笔移动到(70,40)处：

```
moveto(70,40);//只是将画笔移到指定位置，但并不画任何图形，而是为画图做准备
```

如图 5-8 所示。

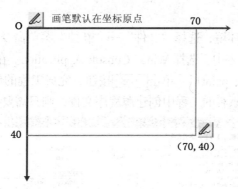

图 5-8　将画笔移到(70,40)处

（3）画线函数：void lineto(int x,int y);

参数 x,y 为像素点的坐标，函数功能是从画笔所在当前点的位置画到参数指定的坐标(x,y)的位置，通常与 moveto()一起使用，moveto()移动画笔到画线的起点，此后再用 lineto 连续画线。此函数相应的头文件是 graphics.h，返回值：无。

如将画笔移动到(20,15)处，开始用 lineto()函数画到点(70,40)处：

```
moveto(20,15);  //只是将画笔移到指定位置，但并不画任何图形，而是为画图做准备
lineto(70,40);  //从画笔所在当前位置(20,15)画到(70,40)位置
```

如图 5-9 所示。如果省略 moveto( )，lineto()将以原点为起点画线。

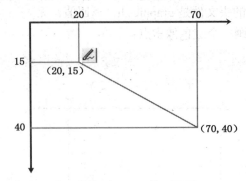

图 5-9　将画笔移到(20,15)处，再用 moveto( )

任务实施

（1）十字渐开线曲线的数学参数方程

如下所示：

theta=4t　　(t=0~2*3.1415926)

x=(0.5t cos(16t) +5)tcos(theta)

y=(0.5t cos(16t) +5)tsin(theta)

要点分析：

这里的参数 t 取值范围是：$0 \leqslant t \leqslant 2\pi$，根据描点法，绘制曲线的关键在于计算曲线上多个点的坐标值。

（2）创建工程

打开 VC6.0 集成开发环境，选择"文件"→"新建"菜单命令，打开"新建"对话框，如图 5-10 所示。在工程列表中，选择 Win32 Console Application。在"工程名称"文本框中，输入新工程的名称，如"c_paint1"，单击 确定 按钮，完成工程的创建。当然也不是每一次都需要创建工程，如果在原有的工程中创建源程序文件，则只需要打开原有工程。

图 5-10　新建工程

（3）创建源程序文件

选择"文件"→"新建"菜单命令，打开"新建"对话框，如图 5-11 所示。在文件列表中，选择 C++ Source File，在"文件名"文本框中，输入源程序名称，如 c_practice5-1-1，单击 确定 按钮，完成源程序文件的创建。

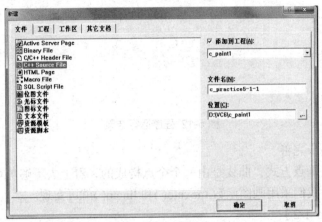

图 5-11　新建文件

（4）编写程序代码

在代码编辑区键入以下代码：

【例 c_practice5-1-1】

分析：根据参数 t 的不同取值，计算曲线上点的坐标值，从而绘制出曲线图案。

```
#include<graphics.h>
#include<conio.h>              //为了使用 getch()函数，引入 conio.h 头文件
#include<math.h>               //引入 math.h 头文件，以便使用数学函数
main(){
    double t;                  //定义参数变量 t 为双精度浮点数，也是循环变量
    double x,y;                //曲线函数的自变量和因变量
    initgraph(640,480);        //屏幕初始化
    setbkcolor(WHITE);         //设置背景色为白色
    cleardevice();             //用背景色清空屏幕，即白色背景生效
    for(t=0;t<2*3.1415926;t=t+0.01){ //t 按 0.01 间隔取值
        x=200+3*(0.5*t* cos(16*t)+5)*t*cos(4*t);//根据 t 的不同值，计算 x，y 值
        y=200+3*(0.5*t* cos(16*t)+5)*t*sin(4*t);/*这里乘 3 并加 200 是放大和平
                                                 移操作*/

        putpixel(x,y,BLACK); //绘制曲线上的点
    }
    getch();                   //使程序暂停，按任意键继续
    closegraph( );
}
```

（5）编译程序并运行

编译程序，如果无错误，单击运行，结果如图 5-12 所示。

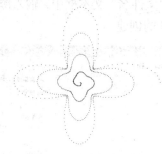

图 5-12 程序运行结果

（6）程序进一步完善

由于采用的是画点方式，曲线是由一个个点构成的，看上去不够美观，如果把点连起来的话就好看了。我们采用画图函数 moveto( )和 lineto( )就可实现。

【例 c_practice5-1-2】

```
#include<graphics.h>
#include<conio.h>              //为了使用 getch()函数，引入 conio.h 头文件
#include<math.h>               //引入 math.h 头文件，以便使用数学函数
main(){
    double t;                  //定义参数变量 t 为双精度浮点数，也是循环变量
    double x,y;                //曲线函数的自变量和因变量
    initgraph(640,480);        //屏幕初始化
    setbkcolor(WHITE);         //设置背景色为白色
    cleardevice();             //用背景色清空屏幕，即白色背景生效
    setcolor(BLACK);
    for(t=0;t<2*3.1415926;t=t+0.01){ //t 按 0.01 间隔取值
        x=200+3*(0.5*t* cos(16*t)+5)*t*cos(4*t);//根据 t 的不同值，计算 x，y 值
        y=200+3*(0.5*t* cos(16*t)+5)*t*sin(4*t);/*这里乘 3 并加 200 是放大和平
                                                          移操作*/

        //修改部分
        if(t==0)
            moveto(x,y);       //将画笔移动到曲线的起点
        lineto(x,y);           //连接曲线上的点
    }
    getch();                   //使程序暂停，按任意键继续
    closegraph( );
}
```

结果如图 5-13 所示。

图 5-13 程序运行结果

实践训练

（1）使用图形函数在屏幕上绘制蜗轨线，其参数方程为：

theta=2t （t=0~2*3.1415926）

x=(0.5tcos(30t)+2t)cos(theta)

y=(0.5tcos(30t)+2t)sin(theta)

如图 5-14 所示。

图 5-14 蜗轨线图案

要点分析：

① 按照任务的要求，关键是计算曲线上多个点的坐标值，然后将点平滑地连接起来，构成曲线图案。

② 由于参数 t 的取值范围是 0~2*3.1415926，这将使得画出的图形在屏幕坐标系下显得非常小。所以需要放大处理，前面我们讲过缩放处理的公式是：

```
x1=sx    //（x,y）是原图形上点的坐标，s 是缩放比例值
y1=sy    //（x1,y1）是缩放后点的坐标
```

③ 另外还要注意平移处理。

（2）使用图形函数在屏幕上绘制小蜜蜂曲线，其参数方程为：

x=cos(t)+cos(3t) （t=0~2*3.1415926）

y=sin(t)+sin(5t)

如图 5-15 所示。

图 5-15　小蜜蜂曲线图案

要点分析：同上。

任务二　使用图形函数在屏幕上画艺术图案

任务说明

在生活中，优美的图案给我们留下了深刻的印象，很多图案都是简单图形经过旋转变换得到的。本次任务，我们将在屏幕上绘制如图 5-16 所示的旋转图案。

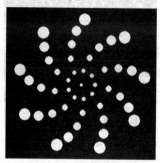

图 5-16　在圆弧上填充圆经旋转得到的美妙图案

相关知识

5.5　图形的旋转变换

几何中的一种重要变换，即在平面上让一个点 P 绕一个固定点旋转一个定角，变成另一点 P′，如此产生的变换称为平面上的旋转变换。此固定点称为旋转中心，该定角称为旋转角。

在平面上，把一个图形绕点 O 旋转一个角度的图形变换叫做旋转，点 O 叫做旋转中心，旋转的角叫做旋转角。如果图形上的点 A 经过旋转变为点 A1，那么这两个点叫做这个旋转的对应点。图形经过旋转变化后，其位置发生改变，形状不变。如图 5-17 所示，旋转中心是坐标原点，原图形为△ABC，旋转后图形为△A1B1C1，A 与 A1 是对应点，旋转角为α，沿 x 轴正向，逆时针旋转为正，顺时针旋转为负。

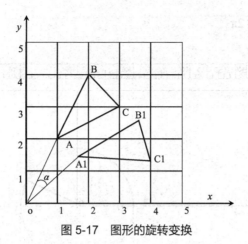

图 5-17　图形的旋转变换

假设原图形上任意一点 A 的坐标值为 (x, y)，变换后图形上 A 的对应点 A1 的坐标值为 $(x1, y1)$，以原点为旋转中心、旋转角为 α 的图形旋转变换公式是：

$x1=x\cos(α)-y\sin(α)$

$y1=x\sin(α)+y\cos(α)$

如果绕任意点旋转，其实就是平移加绕坐标原点旋转变换的组合变换，假如让图 5-18 的△ABC 绕 A(a,b)点旋转 α 角度后的到△A1B1C1，图形旋转变换公式是：

$x1=(x-a)\cos(α)-(y-b)\sin(α)+a$

$y1=(x-a)\sin(α)+(y-b)\cos(α)+b$

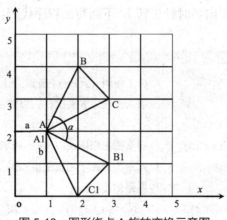

图 5-18　图形绕点 A 旋转变换示意图

任务实施

（1）任务分析

本次任务是绘制一个简单弧线上的多个大小不同的填充圆经过旋转形成的图案，从结果很难看出最初的图形，因此，我们要一步步加以分析和说明，将整个的过程展示出来。

首先，我们画一个圆弧，如图 5-19 所示的红色弧线部分，但不是用图形函数，而是使用圆的参数方程、通过描点的方式来实现的。圆心在点 c(a,b)处的圆的参数方程是：

x=a+rcos(t)　　0≤t≤2π

y=b+rsin(t)

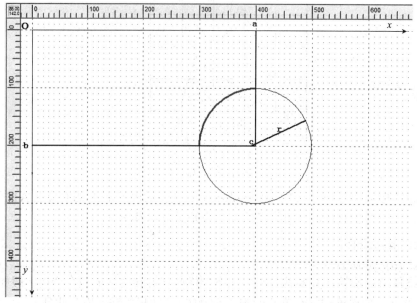

图 5-19　所画弧线示意图

如果只画弧线部分，则只要 t 取值范围控制在 $0 \leq t \leq \frac{3}{2}\pi$（注意屏幕坐标 y 轴方向向下，角度的旋转方向是沿 x 轴正向顺时针旋转），下面写出程序代码：

【例 c_task5-2-1】

```
#include<graphics.h>
#include<conio.h>                  //为了使用 getch() 函数，引入 conio.h 头文件
#include<math.h>                   //引入 math.h 头文件，以便使用数学函数
main(){
    double a=400,b=200,r=100;      //定义圆心坐标 c(a,b) 和半径 r=100
    double x,y,t;                  //x,y 为圆弧上的自变量和因变量，t 为参变量
    initgraph(640,480);           //屏幕初始化
    for(t=3.1415926;t<3.0/2*3.1415926;t=t+0.01){  //t 按 0.01 间隔取值
        x=a+r*cos(t);             //根据 t 的不同值，计算圆弧上点坐标 x,y 值
        y=b+r*sin(t);
        putpixel(x,y,WHITE);      //画出圆弧上的点
    }
    getch();
    closegraph( );
}
```

运行结果如图 5-20（a）所示。如果将 t 取值间隔设为 0.1，则结果为图 5-20（b）。如果将 t 取值间隔设为 0.3，则结果为图 5-20（c）。

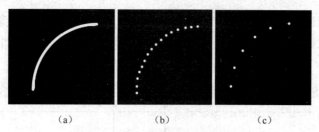

(a)　　　　　　(b)　　　　　　(c)

图 5-20　t 取不同间隔的值时的图形

　　我们再进一步思考，如果将所画圆弧上的点换成大小不同的填充圆的话，会是怎样的结果呢？我们修改【例 c_task5-2-1】程序代码，程序为【例 c_task5-2-2】：

【例 c_task5-2-2】

```
#include<graphics.h>
#include<conio.h>               //为了使用 getch()函数，引入 conio.h 头文件
#include<math.h>                //引入 math.h 头文件，以便使用数学函数
main(){
    double r1;                  //填充圆半径
    double a=400,b=200,r=100;   //定义圆心坐标 c(a,b)和半径 r=100
    double x,y,t;               //x,y 为圆弧上的自变量和因变量，t 为参变量
    initgraph(640,480);         //屏幕初始化
    r1=0;
    for(t=3.1415926;t<3.0/2*3.1415926;t=t+0.3){ //t 按 0.01 间隔取值
        x=a+r*cos(t);           //根据 t 的不同值，计算圆弧上点坐标 x,y 值
        y=b+r*sin(t);
        //修改部分
        fillcircle(x,y,r1+2);   //画出圆弧上的点
        r1=r1+2;
    }
    getch();
    closegraph( );
}
```

　　程序运行结果如图 5-21 所示。

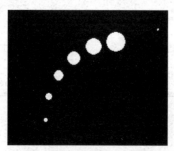

图 5-21　程序运行结果

接下来，我们让这个图案绕如图 5-22 所示的 m 点旋转，每一次旋转角度为 40°，绕一周，就可获得我们要的最终图案。程序代码只需要在上述代码的基础上加一个外循环进行旋转变换即可。

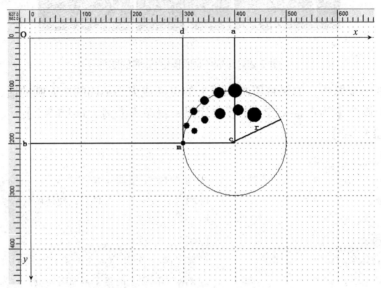

图 5-22　图案旋转变换示意图

（2）创建工程

打开 VC6.0 集成开发环境，选择"文件"→"新建"菜单命令，打开"新建"对话框，如图 5-23 所示。在工程列表中，选择 Win32 Console Application。在"工程名称"文本框中，输入新工程的名称，如"c_paint1"，单击 确定 按钮，完成工程的创建。当然也不是每一次都需要创建工程，如果在原有的工程中创建源程序文件，则只需要打开原有工程。

图 5-23　新建工程

（3）创建源程序文件

选择"文件"→"新建"菜单命令，打开"新建"对话框，如图 5-24 所示。在文件列表中，选择 C++ Source File，在"文件名"文本框中，输入源程序名称，如 c_practice5-2-1，

单击 确定 按钮，完成源程序文件的创建。

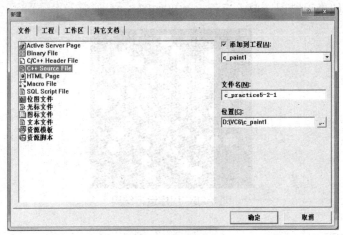

图 5-24　新建文件

（4）编写程序代码

【例 c_practice5-2-1】

```
#include<graphics.h>
#include<conio.h>                      //为了使用 getch()函数，引入 conio.h 头文件
#include<math.h>                       //引入 math.h 头文件，以便使用数学函数
main(){
    double x1,y1,d=300;                //x1,y1 为旋转变换后圆弧上点坐标，m(d,b)为旋转中心
    double r1,u;                       //r1 填充圆半径，u 为外循环角度参变量，每次增加 40 度
    double a=400,b=200,r=100;          //定义圆心坐标 c(a,b)和半径 r=100
    double x,y,t;                      //x,y 为圆弧上的自变量和因变量，t 为参变量
    initgraph(640,480);                //屏幕初始化
    for(u=0;u<2*3.14;u=u+40*3.14/180){
        r1=0;
        for(t=3.1415926;t<3.0/2*3.1415926;t=t+0.3){ //t 按 0.3 间隔取值
            x=a+r*cos(t);              //根据 t 的不同值，计算圆弧上点坐标 x,y 值
            y=b+r*sin(t);
            //修改部分
            x1=(x-d)*cos(u)-(y-b)*sin(u)+d;//计算旋转变换后圆弧上点的坐标值
            y1=(x-d)*sin(u)+(y-b)*cos(u)+b;
            fillcircle(x1,y1,r1+2);//以圆弧上的点(x1,y1)为圆心，画填充圆
            r1=r1+2;                   //将填充圆的半径加 2
        }
    }
    getch();
    closegraph( );
}
```

（5）编译程序并运行

编译程序，如果无错误，单击运行，结果如图 5-25 所示。

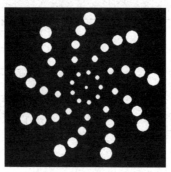

图 5-25　程序运行结果

实践训练

（1）修改上述程序，输出如图 5-26 所示图案。

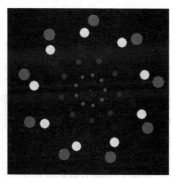

图 5-26　美妙的艺术图案

要点分析：

使用不同的颜色来填充圆，这需要使用分支结构。

（2）已知星形线参数方程为：

$$x=a(\cos(t))^3 \qquad (0 \leqslant t \leqslant 2\pi)$$
$$y=a(\sin(t))^3$$

其图形如图 5-27 所示。

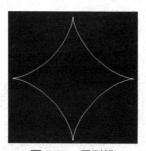

图 5-27　星形线

以此为基础构建如图 5-28 所示图案。

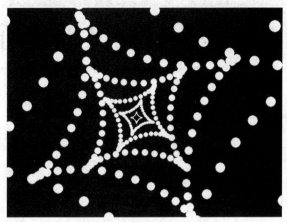

图 5-28 美妙的艺术图案

要点分析：

① 按一定间隔在星形线上取点，以此点为圆心画填充圆，画出如图 5-29 所示图案。

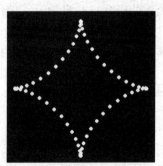

图 5-29 以填充圆取代曲线上的点的效果示意图

② 以星形线图形中心为旋转中心，按每次 15° 递增的方式旋转图形，同时进行缩放处理，缩放开始值为 0.1，并按 s=1.6(s+0.1) 不断放大。

③ 每画一次星形线，填充圆半径增加 2，半径初始值为 1。

扫一扫在线测

项目 六 使用自定义函数画数学曲线

学习目标

- 掌握函数的定义和使用
- 掌握函数的嵌套调用和递归调用
- 掌握变量的作用域和生存期

项目描述

在项目三中,我们介绍过函数的概念,并且学习了使用 C 语言的图形函数来画图,对函数有了基本的了解和认识。在本项目中,我们将进一步学习函数知识,深入理解和掌握函数,更重要的是学会自定义函数,并使用自定义函数实现任务程序的编写。

任务 在屏幕上画出内五环曲线构成的图案

任务说明

很多绚丽多彩的美妙图案都是在简单的图形基础上通过平移和旋转变换构成的。本次任务,我们将使用 C 语言自定义函数在内五环曲线图形的基础上绘制出环形花环图案,如图 6-1 所示。

图 6-1 内五环曲线构成的图案

相关知识

6.1 函数概述

许多程序设计语言中,可以将一段经常需要使用的代码封装起来,在需要使用时直接调用，这就是程序中的函数概念。

函数是 C 语言程序的基本模块，C 语言不仅提供了极为丰富的库函数，还允许用户建立自己的函数。用户可把自己的算法编成一个个相对独立的函数模块，然后用调用的方法来使用函数。可以说 C 语言程序的全部工作都是由各式各样的函数来完成的，所以也把 C 语言称为函数式语言。由于采用了函数模块式的结构，C 语言易于实现结构化程序设计，使程序的层次结构清晰，便于程序的编写、阅读和调试。

在 C 语言中，可以从不同的角度对函数进行分类，如图 6-2 所示。

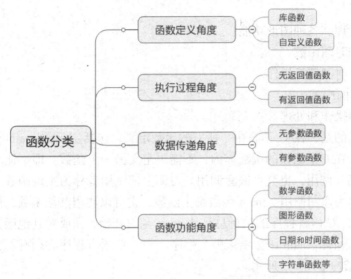

图 6-2 函数分类示意图

（1）库函数

由 C 语言系统提供，用户无须定义，也不必在程序中作类型说明，只需在程序前引入含该函数原型的头文件即可在程序中直接调用。在前面的项目中反复用到的 printf、scanf、getch、circle、setcolor 等函数均属此类。

（2）自定义函数

由用户按自己的需要编写的函数。对于用户自定义函数，不仅要在程序中定义函数本身，而且还必须在主调函数模块中对该被调函数进行类型说明，然后才能使用。

（3）无返回值函数

此类函数用于完成某项特定的处理任务，执行完成后不向调用者返回函数值。这类函数类似于其他语言的过程。由于函数无须返回值，用户在定义此类函数时可指定它的返回为"空类型"，空类型的说明符为"void"。

（4）有返回值函数

此类函数被调用执行完成后将向调用者返回一个执行结果，称为函数返回值。如数学函数即属于此类函数。由用户定义的这种要返回函数值的函数，必须在函数定义和函数说明中明确返回值的类型。

（5）无参数函数

函数定义、函数说明及函数调用中均不带参数。主调函数和被调函数之间不进行参数传送。此类函数通常用来完成一组指定的功能，可以返回或不返回函数值。

（6）有参数函数

也称为带参数函数。在函数定义及函数说明时都有参数，称为形式参数（简称为形参）。在函数调用时也必须给出参数，称为实际参数（简称为实参）。进行函数调用时，主调函数将把实参的值传送给形参，供被调函数使用。

（7）数学函数

用于数学函数计算。

（8）图形函数

用于屏幕管理和各种图形功能。

（9）日期和时间函数

用于日期、时间转换操作。

（10）字符串函数

用于字符串操作和处理。

还应该指出的是，在 C 语言中，所有的函数定义，包括主函数 main 在内，都是平行的。也就是说，在一个函数的函数体内，不能再定义另一个函数，即不能嵌套定义。但是函数之间允许相互调用，也允许嵌套调用。习惯上把调用者称为主调函数。函数还可以自己调用自己，称为递归调用。main 函数是主函数，它可以调用其他函数，而不允许被其他函数调用。因此，C 语言程序的执行总是从 main 函数开始，完成对其他函数的调用后再返回 main 函数，最后由 main 函数结束整个程序。一个 C 语言程序必须有、也只能有一个主函数 main，其结构如图 6-3 所示。

图 6-3　程序结构示意图

6.2　函数的定义和使用

（1）无参数函数的一般形式

```
类型说明符 函数名()
{
    函数体;
}
```

其中类型说明符和函数名称为函数头。类型说明符指明了本函数的类型，函数的类型实际上是函数返回值的类型。函数名是由用户定义的，函数名后有一个空括号，其中无参数，但括号必不可少。{ }中的内容称为函数体。在函数体中也有类型说明，这是对函数体内部所用到的变量的类型说明。在很多情况下都不要求无参函数有返回值，此时函数类型符可以写为"void"。

我们写一个简单函数：

```
void Hello(){
    printf ("Hello,world ");
}
```

在这里，Hello 为函数名（用户定义的），void 是类型说明符，表明函数无返回值，{ } 为函数体，其中包括一条语句：printf("Hello,world ")。

函数通常可以与 main( )函数写在同一个源文件中，如图 6-4 所示。函数的使用如图 6-5 所示。

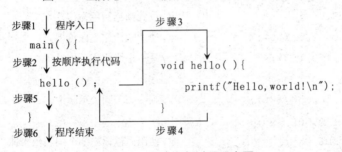

图 6-4 函数与 main 函数在同一个源文件中的示意图

图 6-5 程序运行过程示意图

程序运行时执行的步骤如下：

步骤 1：main 函数是程序的入口，是程序执行的起点；

步骤 2：程序通常是按顺序执行的，从 main 函数的第一条语句开始；

步骤 3：当执行到 hello 函数时，程序跳转到函数体执行函数体内的语句，也称作函数的调用，main 函数称为主调函数，hello 称为被调函数；

步骤 4：执行完成后，返回到 main 函数中；

步骤 5：从 hello 函数后面的语句继续执行；

步骤 6：直到 main 函数的尾部，结束程序的执行。

自定义函数说简单点就是将一段程序代码打个包，形成一个独立的整体，在需要使用时，通过函数调用来实现。在项目三中，我们画了一张笑脸，下面，我们用自定义函数的方式来重新写程序。首先做一下规划，我们将画脸、眉毛及眼睛的部分写成一个函数，画鼻子部分写成一个函数，画嘴的部分写成一个函数，这样，在主函数中，只要做一些基本的代码编写并调用函数即可，程序代码见【例 c_task6-1-1】。

【例 c_task6-1-1】

```
/*画一张笑脸*/
#include <graphics.h>              //引入图形函数库的头文件
#include <conio.h>                 //引入函数 getch()所在的头文件
void face_eye( );                  //函数声明
void nose( );
void mouth( );
void main()
{
    initgraph(640, 480);           //屏幕初始化
    face_eye( );                   //函数的调用
    nose( );
    mouth( );
    getch();
    closegraph();
}
void face_eye( ){
    setcolor(BLUE);                //设置画笔颜色为蓝色
    fillcircle(200,200,150);       //使用默认颜色白色填充一个圆
    line(100,140,150,150);         //画一条线段表示眉毛
    line(300,140,250,150);
    ellipse(100,170,150,190);      //画一个椭圆表示眼眶
    ellipse(250,170,300,190);
    setfillcolor(BLACK);           //使用黑色填充一个圆表示眼球
    fillcircle(125,180,10);
    fillcircle(275,180,10);
}
void nose( ){
    setcolor(BLUE);                //设置画笔颜色为蓝色
    line(180,240,220,240);
    line(180,240,190,220);
    line(220,240,210,220);
}
void mouth() {
    setcolor(BLUE);                //设置画笔颜色为蓝色
    arc(170,250,230,270,3.14,2*3.14);  //画椭圆弧
    arc(170,240,230,280,3.14,2*3.14);
}
```

程序运行结果如图 6-6 所示。

图 6-6　程序运行结果

这个程序画的仍然是一张笑脸，但与项目三中的程序相比，结构发生了根本性的变化。从主函数 main 来看，只包含标准的图形库函数和自定义函数，代码简洁清晰，一目了然。而主要的画图代码根据不同的要求，分成了 3 段代码，形成了 3 个函数，各自构成了独立的整体，实现了模块化程序设计。

（2）有参数函数的一般形式

```
类型说明符 函数名(形式参数表)
{
    函数体;
}
```

有参数函数比无参数函数多了形式参数表，在形式参数表中给出的参数称为形式参数，它们可以是各种类型的变量，各参数之间用逗号间隔。在进行函数调用时，主调函数将赋予这些形式参数实际的值。形参既然是变量，那么就要给以类型说明。

例如，定义一个函数，用于求两个数中的大数，可写为：

```
int max(int a,int b) {
    int c;
    if (a>b)
        c=a;
    else
        c=b;
    return c;
}
```

第一行说明 max 函数是一个整型函数，其返回的函数值是一个整数，与 return c 相对应，形参为 a、b。a、b 的具体值是由主调函数在调用时传送过来的。函数的功能是对 a 和 b 比较大小，得到最大值。在 max 函数体中的 return 语句是把 a 和 b 的最大值作为函数的值返回给主调函数。有返回值函数中至少应有一个 return 语句。在 C 语言程序中，一个函数的定义可以放在任意位置，既可放在主函数 main 之前，也可放在 main 之后。在【例 c_task6-1-1】中，几个函数的位置在 main 函数之后。放在后面时，需要在程序的最前面声明函数。下面，我们写一个程序来使用 max 函数，程序见【例 c_task6-1-2】。

【例 c_task6-1-2】从键盘输入两个数，输出最大值

```
#include<stdio.h>
int max(int a,int b);                //函数的声明，即将函数的头部取出来，再加上";"即可
void main( ){
    int x,y,z;
    printf("请输入两个整数：");
    scanf("%d%d",&x,&y);
    z=max(x,y);                      //函数调用
    printf("最大值为：%d.\n",z);
}
/*自定义函数 max*/
int max(int a,int b) {
    int c;
    if (a>b)
        c=a;
    else
        c=b;
    return c;
}
```

程序运行结果如图 6-7 所示。

请输入两个整数：6 13
最大值为：13.

图 6-7　程序运行结果

我们来分析一下程序执行的过程，如图 6-8 所示。

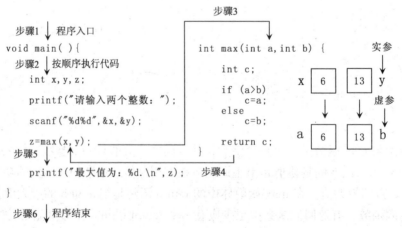

图 6-8　程序运行过程示意图

程序运行时执行的步骤如下。

步骤 1：main 函数是程序的入口，是程序执行的起点。

步骤 2：程序通常是按顺序执行的，从 main 函数的第一条语句开始。

步骤 3：当执行到 max(x,y) 函数时，程序跳转到函数体执行函数体内的语句，也称作函数的调用，与无参数函数不同，这里存在一个值的传递过程，即 x 的值 6 传递给变量 a，y 的值 13 传递给变量 b。主调函数 main 中的 x、y 称为实参，被调函数 max 参数 a、b 称为虚参，x、y、a、b 是各自独立的变量。

步骤 4：执行完成后，返回到 main 函数中，同时主调函数 main 通过 return c 得到变量 c 的值，并赋给了变量 z。

步骤 5：从 z=max(x,y) 函数后面的语句继续执行 printf 语句，输出最大值 13。

步骤 6：直到 main 函数的尾部，结束程序的执行。

6.3　函数的嵌套调用

C 语言中不允许作嵌套的函数定义，因此各函数之间是平行的，不存在上一级函数和下一级函数的问题。但是 C 语言允许在一个函数的定义中出现对另一个函数的调用。这样就出现了函数的嵌套调用，即在被调函数中又调用其他函数，这与其他语言的子程序嵌套的情形是类似的，其关系可表示如图 6-9 所示。

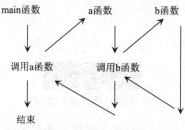

图 6-9　函数的嵌套调用

图 6-9 中表示了两层嵌套的情形。其执行过程是：执行 main 函数中调用 a 函数的语句时，即转去执行 a 函数；在 a 函数中调用 b 函数时，又转去执行 b 函数；b 函数执行完毕返回 a 函数的断点继续执行；a 函数执行完毕返回 main 函数的断点继续执行。

【例 c_task6-1-3】计算 s = $2^2! + 3^2!$

分析：本题可编写两个函数，一个是用来计算平方值的函数 f1，另一个是用来计算阶乘值的函数 f2。主函数先调 f1 计算出平方值，再在 f1 中以平方值为实参，调用 f2 计算其阶乘值，然后返回 f1，再返回主函数，在循环程序中计算累加和。

```c
/*程序代码*/
#include <stdio.h>
long f1(int p){
    int k;
    long r;
    long f2(int);           //函数声明
    k=p*p;                  //计算数的平方值
    r=f2(k);                //计算数的阶乘
    return r;
```

```
}
long f2(int q){
    long c=1;
    int i;
    for(i=1;i<=q;i++)              //通过循环求数的阶乘
        c=c*i;
    return c;
}
/*主函数main*/
void main(){
    int i;
    long s=0;
    for (i=2;i<=3;i++)
        s=s+f1(i);
    printf("\ns=%ld\n",s);
}
```

程序运行结果如图 6-10 所示。

图 6-10 程序运行结果

在程序中，函数 f1 和 f2 均为长整型，都在主函数之前定义，故不必再在主函数中对 f1 和 f2 加以说明。在主程序中，执行循环程序依次把 i 值作为实参调用函数 f1 求 i^2 值。在 f1 中又发生对函数 f2 的调用，这时是把 i^2 的值作为实参去调用 f2，在 f2 中完成求 i^2!的计算。f2 执行完毕把 c 值(即 i^2!)返回给 f1，再由 f1 返回主函数实现累加。至此，由函数的嵌套调用实现了题目的要求。由于数值很大，所以函数和一些变量的类型都说明为长整型，否则会造成计算错误。

6.4 函数的递归调用

递归调用是一种特殊的嵌套调用，是某个函数自己调用自己，而不是另外一个函数。递归调用是一种解决方案和逻辑思想，是将一个大工作分为逐渐减小的小工作。比如说一个和尚要搬 50 块石头，他想，只要先搬走 49 块，那剩下的一块就能搬完了；然后考虑那 49 块，只要先搬走 48 块，那剩下的一块就能搬完了……递归就是这样的一种思想，只不过在程序中，递归是依靠函数嵌套这个特性来实现的。

递归调用就是在当前的函数中调用当前的函数并传给相应的参数，这是一个动作，这一动作是层层进行的，直到满足某一特定的条件时，才停止递归调用，开始从最后一个递归调用返回。

【例 c_task6-1-4】用递归计算 n!。阶乘 n! 的计算公式如下：

$$n!=\begin{cases}1 & (n=0\text{或}1)\\ n*(n-1)! & (n>1)\end{cases}$$

代码如下：

```c
#include<stdio.h>
    long fact(int n){
        long r;
        if(n==0 || n==1){
            r = 1;
        }else{
            r = fact(n-1) * n;          // 递归调用
        }
        return r;
    }
    /*主函数 main*/
void main( ){
    long n,m;
    printf("请输入求阶乘的正整数：");
    scanf("%ld",&n);
    m=fact(n);                          // 调用函数 factorial
    printf("正整数%ld 的阶乘是：%ld\n",n,m);
}
```

程序运行结果如图 6-11 所示。

```
请输入求阶乘的正整数：11
正整数11的阶乘是：39916800
```

图 6-11　程序运行结果

以 n=4 为例分析函数 fact(4)的递归调用过程，如图 6-12 所示。

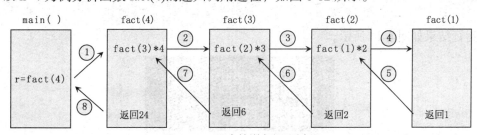

图 6-12　程序的递归调用过程

这是一个典型的递归函数。调用 fact 后即进入函数体，只有当 n==0 或 n==1 时函数才会执行结束，否则就一直调用它自身。由于每次调用的实参为 n-1，即把 n-1 的值赋给形参 n，所以每次递归实参的值都减 1，直到最后 n-1 的值为 1 时再作递归调用，形参 n 的值也为 1，递归就终止了，会逐层退出。

6.5 变量的作用域和生存期

变量的作用域是指变量有效性的范围，与变量定义的位置密切相关。作用域是从空间的角度来描述变量的。按照作用域的不同，变量可分为局部变量和全局变量。

（1）局部变量

局部变量是指在函数（或代码块）内部定义的变量，也称为内部变量。局部变量只能在定义它的函数（或代码块）内使用，其他函数均不能使用。局部变量的作用域，限于说明它的代码块内，从说明的地方开始至所在的代码块结束。注意：在同一个作用域内，不允许有同名的变量。在【例 c_task6-1-5】main()函数中，定义了 3 个数据类型和变量名均相同的局部变量 i。在访问这些变量 i 中，它们不会混淆，它们是 3 个不同的局部变量，各有自己的作用域。

【例 c_task6-1-5】

```c
#include <stdio.h>
void main(){
    int i=10;                    //i的初值为10
    printf("i的初始值是：%d\n",i);
    printf("输入一个正整数或负整数：");
    scanf("%d",&i);              //接收键盘输入的整数值赋给i
    printf("main()中的i=%d\n",i); //输出main函数中定义的变量i
    if(i>0){
        int i=-10;               //这个i是定义在if结构上半部分的"{}"中，是局部变量
        printf("在if结构中的i是：%d\n",i);
    }else{
        int i=20;                //这个i是定义在if结构下半部分的"{}"中，是局部变量
        printf("在if结构中的i是：%d\n",i);
    }
        printf("在main()中的i仍然是：%d\n",i);
}
```

运行结果如图 6-13 所示。

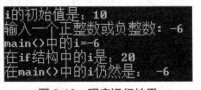

图 6-13 程序运行结果

我们结合图 6-14 来分析一下，该图是去除了【例 c_task6-1-5】中与作用域无关代码的程序部分。在图中，我们清晰地看到 3 个变量 i 在各自的区域有效，这个有效区就是变量的作用域。标号为①的 i 与标号为②和③的 i 存在作用域重叠区，在这个区域，标号为②和③的 i 分别有效，而标号为①的 i 无效。

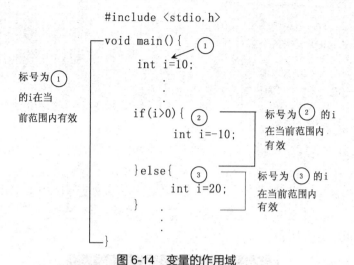

图 6-14 变量的作用域

（2）全局变量

全局变量是指在函数的外部定义的变量，称为全局变量。作用域是从定义点开始直到程序文件结束。全局变量在程序的整个运行过程中，都占用存储单元。在一个函数中改变了全局变量的值，其他函数可以共享。全局变量相当于起到在函数间传递数据的作用。

【例 c_task6-1-6】

求一元二次方程的根：$ax^2 + bx + c = 0$（$a \neq 0$）

分析：一元二次方程求根公式：$x = \dfrac{-b \pm \sqrt{\Delta}}{2a} = \dfrac{-b \pm \sqrt{b^2 - 4ac}}{2a}$，$\Delta > 0$ 有两个不同的实数根，$\Delta = 0$ 有两个相同的实数根，$\Delta < 0$ 无解。

代码如下：

```c
#include <stdio.h>
#include <math.h>
float X1,X2,d;                          //定义全局变量
void greater_than_zero(float u,float w);    //函数声明
void equal_to_zero(float u,float w);
void main() {
   float a,b,c;                          //定义局部变量
    printf("Enter a,b,c: ");
    scanf("%f%f%f",&a,&b,&c);
    d=b*b-4*a*c;
  if(d>0){
    greater_than_zero(a,b);
    printf("X1 = %5.2f\tX2 = %5.2f\n",X1,X2);
  }else if(d==0){
    equal_to_zero(a,b);
    printf("X1 = X2 = %5.2f\n",X1);
```

```
    }else
        printf("d<0 时, 方程无解!! \n");
}
void greater_than_zero(float a,float b){
    X1=(-b+sqrt(d))/(2*a);                          //全局变量在函数中仍然有效
    X2=(-b-sqrt(d))/(2*a);
}
void equal_to_zero(float a,float b){
    X1=(-b)/(2*a);                                  //全局变量在函数中仍然有效
}
```

运行结果如图 6-15 所示。

```
Enter a,b,c:  2 6 3
X1 = -0.63      X2 = -2.37
```

图 6-15　程序运行结果

（3）变量的生存期

变量的生存期是指变量持续存储的时间长短。变量的存储方式分为两种：静态存储方式和动态存储方式。静态存储方式是指在程序运行期间由系统在静态存储区分配存储空间的方式，在程序运行期间不释放；而动态存储方式则是在函数调用期间根据需要在动态存储区分配存储空间的方式。这就是变量的存储区别。

① auto——声明自动变量。函数中的形参和在函数中定义的变量都属于此类。在调用这些函数时，系统给这些变量分配存储空间，函数调用结束时就自动释放这些存储空间。所以这类局部变量称为自动变量（auto 变量）。关键字 auto 作为存储类别的声明，并且可以省略。

② static——声明静态变量。希望函数中的局部变量的值在函数调用结束后不消失而继续保留原值，即其占用的存储单元不释放，在下一次该函数调用时，该变量已有的值，就是上一次函数调用结束时的值。这时就用关键字 static 指定该局部变量为"静态存储变量"。

静态局部变量属于静态存储类别，在静态存储区内分配存储单元，在整个程序运行期间都不释放。而自动变量（即动态局部变量）属于动态存储类别，占动态存储区空间而不占静态存储区空间，函数调用结束后即释放。对静态局部变量是在编译时赋初值的，即只赋初值一次，在以后每次调用函数时不再重新赋初值而只是保留上次函数调用结束时的值。自动变量赋初值是在函数调用时进行的。

对静态局部变量来说，编译时自动赋初值 0 或空字符。而对自动变量来说，如果不赋值，则它的值是一个不确定的值。

③ register——声明寄存器变量。这种变量一般不用，只需了解就可以了。

④ extern——声明外部变量的作用范围。如果一个程序中有两个文件，在两个文件中都要用到同一个外部变量 num，那么这时不能分别在两个文件中各自定义一个外部变量

num，否则在进行程序的连接时会出现"重复定义"的错误。正确的做法是：在一个文件中定义外部变量 num，而在另一个文件中用 extern 对 num 作外部变量声明，即 extern num。

任务实施

（1）内五环线曲线的数学参数方程
如下所示：

theta=4t　(t=0~2*3.1415926)

x=2+5cos(theta)+6cos((10/6-1)theta)

y=2+5sin(theta)-6sin((10/6-1)theta)

要点分析：

这里的参数 t 取值范围是：0≤t≤2π，根据描点可绘制出曲线。图案绘制分两部分：先画出基本内五环曲线，然后经平移和放大，得到如下方程：

theta=4t　(t=0~2*3.1415926)

x=400+3(2+5cos(theta)+6cos((10/6-1)theta)) //x 轴平移量为 400，放大 3 倍

y=300+3(2+5sin(theta)-6sin((10/6-1)theta)) //y 轴平移量为 300，放大 3 倍

画出的曲线图形如图 6-16 所示。

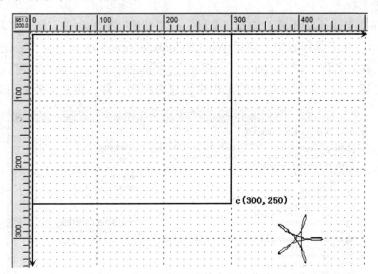

图 6-16　内五环经平移放大后的曲线图形

让图 6-16 中的内五环曲线图形绕 c 点每次旋转 20°，画出图形，绕 c 点旋转一周就可得到图 6-17 所示的图案。在项目五中，我们学过图形绕任意点 c(a,b)旋转 α 角度的公式是：

```
x1=(x-a)cos(α)-(y-b)sin(α)+a    //(x,y)是原图形上点的坐标
y1=(x-a)sin(α)+(y-b)cos(α)+b    //(x1,y1)是旋转变换后图形上点的坐标
```

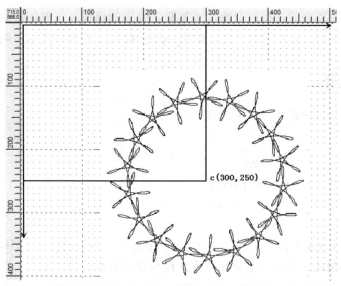

图 6-17　内五环图形绕 c(300,250)旋转一周，每隔 20 度画出图形

我们可编写一个带参数的画图函数 rings(int a,int b,double q)，这里(a,b)是图形旋转变换的中心点坐标，q 是旋转角度，这样在主调函数中调用该函数即可。

（2）创建工程

打开 VC6.0 集成开发环境，选择"文件"→"新建"菜单命令，打开"新建"对话框，如图 6-18 所示。在工程列表中，选择 Win32 Console Application。在"工程名称"文本框中，输入新工程的名称，如"c_paint1"，单击 确定 按钮，完成工程的创建。当然也不是每一次都需要创建工程，如果在原有的工程中创建源程序文件，则只需要打开原有工程。

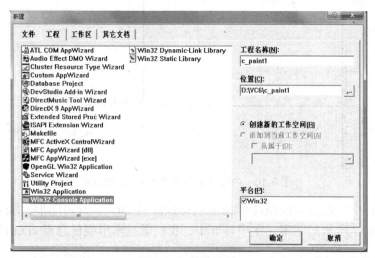

图 6-18　新建工程

（3）创建源程序文件

选择"文件"→"新建"菜单命令，打开"新建"对话框，如图 6-19 所示。在文件列表中，选择 C++ Source File，在"文件名"文本框中，输入源程序名称，如 c_practice6-1-1，单击 确定 按钮，完成源程序文件的创建。

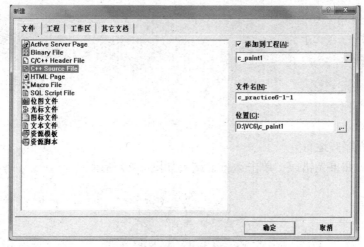

图 6-19 新建文件

（4）编写程序代码

在代码编辑区输入以下代码：

【例 c_practice6-1-1】

```
#include<graphics.h>
#include<conio.h>                        //为了使用 getch() 函数，引入 conio.h 头文件
#include<math.h>                         //引入 math.h 头文件，以便使用数学函数
void rings(int a,int b,double q);        //自定义函数放在主调函数后，需要声明
main(){
    initgraph(640,480);                  //屏幕初始化
    setbkcolor(WHITE);                   //设置背景色为白色
    cleardevice();                       //用背景色清空屏幕，即白色背景生效
    setcolor(BLACK);                     //设置画笔颜色
    for(int q=0;q<360;q=q+20)
        rings(300,250,q*3.14/180);       //绕点(300，250)旋转变换，每次旋转角度为20
    getch();                             //使程序暂停，按任意键继续
    closegraph( );
}
void rings(int a,int b,double q){    /*这里（a,b）是图形旋转变换的中心点坐标，q
                                        是旋转角度*/
    double x,y;                          //x,y 是旋转前图形上点的坐标值。
    double x1,y1;                        //x1,y1 是旋转后图形上点的坐标值。
    for(double t=0;t<2*3.1415;t=t+0.03){   //t 按 0.03 间隔取值
        x=400+3*(2+5*cos(4*t)+6*cos((10/6.0-1)*4*t));       //注意 10/6.0 的意义
        y=300+3*(2+5*sin(4*t)-6*sin((10/6.0-1)*4*t));
        x1=(x-a)*cos(q)-(y-b)*sin(q)+a;          //计算旋转后图形上点的坐标值
        y1=(x-a)*sin(q)+(y-b)*cos(q)+b;
```

```
        if(t==0)
            moveto(x1,y1);
        else
            lineto(x1,y1);
    }
}
```

（5）编译程序并运行

编译程序，如果无错误，单击运行，结果如图 6-20 所示。

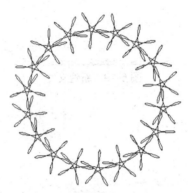

图 6-20　程序运行结果

（6）程序进一步拓展

我们可以在图 6-20 图案的中心部位再加上一个蜘蛛网曲线图形，其数学方程如下：

theta=5t　　　(t=0~2*3.1415926)

x=(5tsin(25t)+45)cos(theta)

y=(5tsin(25t)+45)sin(theta)

我们可再编写一个带参数的画图函数 spider(int a,int b)，这里 a，b 是图形在 x 轴和 y 轴方向上的平移量，这样在主调函数中调用该函数即可画出蜘蛛网曲线图形。在代码编辑区输入以下代码：

【例 c_practice6-1-2】

```
#include<graphics.h>
#include<conio.h>          //为了使用getch()函数，引入conio.h头文件
#include<math.h>           //引入math.h头文件，以便使用数学函数
void rings(int a,int b,double q);  //自定义函数放在主调函数后，需要声明
void spider(int a,int b);
main(){
    initgraph(640,480);        //屏幕初始化
    setbkcolor(WHITE);         //设置背景色为白色
    cleardevice();             //用背景色清空屏幕，即白色背景生效
    setcolor(BLACK);           //设置画笔颜色
    for(int q=0;q<360;q=q+20)
        rings(300,250,q*3.14/180);  //绕点(300,250)旋转变换，每次旋转角度为20
```

```
    spider(300,250);                  //调用自定义函数，画出蜘蛛网曲线图形
    getch();                          //使程序暂停，按任意键继续
    closegraph( );
}
void rings(int a,int b,double q){//这里（a,b）是图形旋转变换的中心点坐标，q是旋转角度
    double x,y;                       //x,y是旋转前图形上点的坐标值
    double x1,y1;                     //x1,y1是旋转后图形上点的坐标值
    for(double t=0;t<2*3.1415;t=t+0.03){  //t按0.03间隔取值
        x=400+3*(2+5*cos(4*t)+6*cos((10/6.0-1)*4*t));  //注意10/6.0的意义
        y=300+3*(2+5*sin(4*t)-6*sin((10/6.0-1)*4*t));
    x1=(x-a)*cos(q)-(y-b)*sin(q)+a;  //计算旋转后图形上点的坐标值
    y1=(x-a)*sin(q)+(y-b)*cos(q)+b;
    if(t==0)
        moveto(x1,y1);
    else
        lineto(x1,y1);
    }
}
void spider(int a,int b){            //a,b为图形在x轴和y轴方向上的平移量
    double x,y;
    setcolor(RED);
    for(double t=0;t<2*3.1415;t=t+0.02){
        x=a+(5*t*sin(25*t)+45)*cos(5*t);
        y=b+(5*t*sin(25*t)+45)*sin(5*t);
        if(t==0)
            moveto(x,y);
        else
            lineto(x,y);
    }
}
```

编译程序，如果无错误，单击运行，结果如图6-21所示。

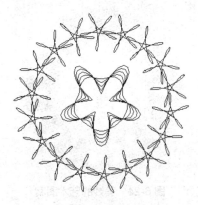

图6-21　程序运行结果

🔍 实践训练

（1）修改上述程序，输出如图 6-22 所示图案。

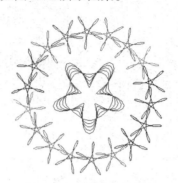

图 6-22　色彩斑斓的图案

要点分析：

可以将颜色值存入到一维数组中，并通过参数传递到函数中设置不同的颜色来画图。

（2）已知向日葵线参数方程为：

$x=(30+10\sin(30t))\cos(t)$ 　$(0 \leqslant t \leqslant 2\pi)$

$y=(30+10\sin(30t))\sin(t)$

其图形如图 6-23 所示。

图 6-23　向日葵线

以此为基础构建如图 6-24 所示图案。

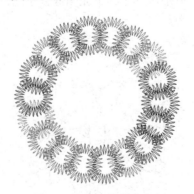

图 6-24　美妙的艺术图案

扫一扫在线测

110

项目 ⑦ 使用 C 语言图形函数实现动画

学习目标

- 掌握动画实现的原理
- 掌握指针的概念和简单的使用方法
- 掌握结构体的概念和使用方法

项目描述

本项目将学习动画实现的基本原理、指针和指针的简单使用等相关的知识，重点是用 C 语言图形函数编写动画程序。

任务一 在屏幕上显示运动的卡车

任务说明

本次任务，我们将使用 C 语言的画图及图像函数实现卡车运动的动画程序，效果如图 7-1 所示。

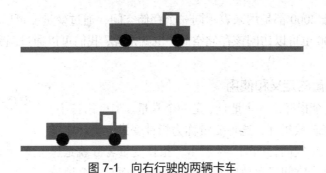

图 7-1 向右行驶的两辆卡车

相关知识

7.1 指针概念

大家都知道，出外旅行需要找酒店住宿，通常酒店都有名称和地址，如图 7-2 所示。我们根据名称或地址都能找到酒店，名称便于记忆，地址能够精确表示酒店的位置。

图 7-2 酒店名称和地址

在 C 语言中，也有类似的情况。当我们在程序中定义变量 x 和 y 时，系统在内存中为变量 x 和 y 开辟存储空间；而在内存中，存储单元都有编号，如图 7-3 中，x 变量的存储空间的编号是 2000，y 变量的存储空间的编号是 2080。存储单元的编号就称作存储单元的地址，也称为表示该存储空间的变量的地址。地址的另一个称呼就是指针，所以通俗地说地址就是指针，指针就是地址。

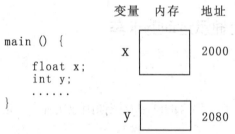

图 7-3 变量和地址示意图

变量 x 和地址 2000 都是用来表示同一个存储空间，通过变量 x 可以访问该存储空间，同样通过地址 2000 也可以访问该存储空间，也就是说，我们可以通过两种方式访问同一个存储空间。

7.2 指针变量的定义和使用

严格地说，一个指针是一个地址，是一个常量。在 C 语言中，允许用一个变量来存放指针，这种变量称为指针变量。指针变量在内存中也占有一个空间，如图 7-4 所示，指针变量名 p 就是这个空间的名称，这个空间里存放的不是普通的值，而是一个地址值。从图中可以看出，指针变量的值 2000 是变量 x 在内存中的地址。所以我们就说这个地址或者说这个指针指向整型变量 x，也可以说是指针变量 p 指向整型变量 x 。

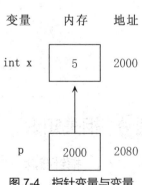

图 7-4 指针变量与变量

（1）指针变量的定义

指针变量定义格式：

数据类型 *指针变量名

如 "float *p1,*p2;" 定义了 p1 和 p2 是两个指向实型变量的指针，就是说 p1 和 p2 中只能存放实型变量的地址。强调一下，这里的数据类型 float 表示的是指针变量只能存放实型变量的地址或指针，并不是说指针变量本身的数据类型，指针自身的数据类型是整型。

"int　*p,*q;" 定义了 p 和 q 是两个指向整型变量的指针，就是说 p 和 q 中只能存放整型变量的地址。

"char *a;" 定义了 a 是一个指向字符型变量的指针，就是说 a 中只能存放字符型变量的地址。

（2）指针运算

& 为取地址运算符，* 为间接引用变量运算符。

【例 c_task7-1-1】

```
#include <stdio.h>
void main(){
    //定义指针变量 p1 和 p2，这里的"*"号为说明符，表示其后的变量是指针变量
    int *p1,*p2,a,b;
    printf("请输入 a 和 b 的值: ");
    scanf("%d,%d",&a,&b);          //获得键盘输入的 2 个整型数，赋给变量 a 和 b
    p1=&a;                         //对指针变量 p1 和 p2 进行初始化
    p2=&b;                         //&a 为变量 a 的地址，&b 同理
    //用指针的方式进行输出，*p1 表示对变量 a 的引用，p2 同理
    printf("*p1=%d,*p2=%d\n",*p1,*p2);
}
```

程序运行结果如图 7-5 所示。

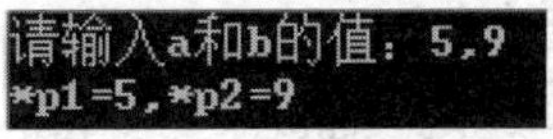

请输入a和b的值: 5,9
*p1=5,*p2=9

图 7-5　程序运行结果

（3）指针的简单使用

指针变量的使用要特别小心，在使用前一定要对其进行赋值，避免产生"野指针"。所谓"野指针"就是指没有赋值就使用的指针变量。下面我们通过例子来说明。

【例 c_task7-1-2】

```
#include <stdio.h>
void main(){
    int x=5,y=6;               //定义变量 x 和 y，并赋初值 5 和 6
    int *p1=&x;                //定义指针变量 p1，并将 x 变量的地址赋给它
    y=*p1;                     //*p1 表示引用变量 x，将 x 变量的值赋给变量 y
    printf("x=%d y=%d *p1=%d\n",x,y,*p1); //输出变量 x、y 的值和 p1 指向的变量 x 的值
    *p1=9;                     //将 9 赋给变量 x，这里*p1 是对 x 变量的引用
    printf("x=%d y=%d *p1=%d\n",x,y,*p1); //输出变量 x、y 的值和 p1 指向的变量 x 的值
```

```
y=8;
p1=&y;                          //将 y 变量的地址赋给指针变量 p1
printf("x=%d y=%d *p1=%d\n",x,y,*p1); //输出变量 x、y 的值和 p1 指向的变量 y 的值
}
```

程序运行结果如图 7-6 所示。

```
x=5  y=5  *p1=5
x=9  y=5  *p1=9
x=9  y=8  *p1=8
```

图 7-6 程序运行结果

7.3 C 语言图形函数

（1）从当前绘图设备获取图像存入内存

```
void getimage(
    IMAGE* pDstImg,             // 指向保存图像的存储区域的指针变量
    int srcX,                   // 要获取图像区域的左上角 x 坐标
    int srcY,                   // 要获取图像区域的左上角 y 坐标
    int srcWidth,               // 要获取图像区域的宽度
    int srcHeight               // 要获取图像区域的高度
);
```

我们通过图 7-7 来进行说明：(srcX,srcY)是包含图像的矩形区域的左上角点坐标，srcWidth 和 srcHeight 是矩形区域的宽和高，pDstImg 是指向用来存储矩形区域图像的存储空间的指针变量。

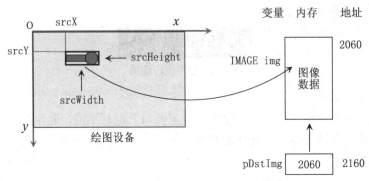

图 7-7 getimage()函数的说明示意图

（2）绘制图像

```
void putimage(
    int dstX,                   // 绘制位置的 x 坐标
    int dstY,                   // 绘制位置的 y 坐标
    IMAGE *pSrcImg,             //指向保存图像的存储区域的指针变量
);
```

我们通过图 7-8 来进行说明：(dstX,dstY)是图像的矩形区域左上角点在绘制设备上的坐

标位置，pSrcImg 是指向存储矩形区域图像的存储空间的指针变量。也就说，我们可以将存储在内存空间中的图像通过 putimage()函数显示在绘图设备上指定的位置上。

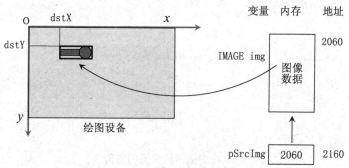

图 7-8 putimage()函数的说明示意图

（3）void outtextxy(int x, int y, LPCTSTR str)

这个函数用于在指定位置输出字符串。如 "outtextxy(70, 250, "大家好，新手来报到。");" 在绘制设备上坐标位置为(70,250)处显示字符串 "大家好，新手来报到。"，如图 7-9 所示。

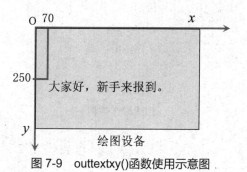

图 7-9 outtextxy()函数使用示意图

（4）void BeginBatchDraw()

这个函数用于开始批量绘图。执行后，任何绘图操作都将暂时不输出到屏幕上，直到执行 FlushBatchDraw()或 EndBatchDraw()才将之前的绘图输出。

（5）void FlushBatchDraw()

这个函数用于执行未完成的绘制任务。

【例 c_task7-1-3】绘制图 7-10（b）中的场景。

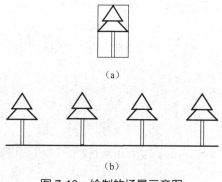

图 7-10 绘制的场景示意图

分析：先绘制图 7-10（a）的小树图形，并使用 getimage()函数将图（a）所示的矩形区域的图像保存在内存区域中，然后使用 putimage() 函数多次从内存中取出显示在指定的位置，从而构成图（b）所示的场景。

程序代码如下：

```
#include<graphics.h>              //引入相关的头文件
#include<conio.h>
#include <stdlib.h>
void tree();                      //函数声明
void scene();
IMAGE img;                        //定义图像类型的变量
void main(){
    initgraph(640,480);          //屏幕初始化
    tree();                       //画小树并存入内存
    cleardevice();                //清屏
    scene();                      //绘制场景
    getch();                      //程序暂停
    closegraph();                 //关闭图形模式
}
void tree(){                      //画树函数
    line(10,30,30,0);            //用线段组成树冠
    line(30,0,50,30);
    line(10,30,50,30);
    line(0,40,20,30);
    line(40,30,60,40);
    line(0,40,60,40);
    rectangle(29,40,31,80);      //画树干
    getimage(&img,0,0,60,80);    //将图形数据存入图像变量 img 中
}
void scene(){                     //画场景函数
    outtextxy(270,180,"一个简单的场景");   //在指定的坐标位置显示字符串
    BeginBatchDraw();            //如下绘图暂不显示在屏幕上
    putimage(150,250,&img);      //将内存中的小树图像显示在(150,250)位置
    putimage(250,250,&img);
    putimage(350,250,&img);
    putimage(450,250,&img);
    line(150,330,510,330);       //画地平线
    FlushBatchDraw();            //将以上绘制的图像输出到屏幕上
}
```

程序运行结果如图 7-11 所示。

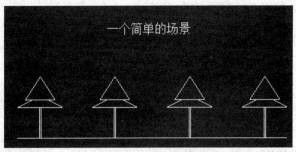

图 7-11　程序运行结果

7.4　动画原理

在利用 C 语言进行工程开发、游戏设计以及计算机辅助教学软件研制中，都要采用动画技术。动画具有突出并强化事物特征、实现工作模拟、进行图形变换等多种功能，使所开发的软件科学合理、生动形象。动画的实现方法主要有以下几种。

（1）利用目标移动技术实现动画

这种方法就是将被移动的目标由屏幕的一个位置移动到另一个位置。如果直接一步到位移动，没有中间过程，会使人有生硬或突然感，动感不强。为了实现良好的动感，必须根据目标的大小及移动距离的长短分成若干步来实现，每动一步先用底色覆盖原来的目标，再将移动目标重现在相应位置，这样依次到达目的地。由于人眼具有视觉暂留的生理现象，因此这种移动过程具有真实感。很多资料中又将这种动画设计方法叫做中间动画。用此法还可以进行平移、变形、旋转等动画设计。

（2）利用存取位图像函数产生动画

上一种方法每移动一步都要在中间点上重新绘制移动目标，移动目标小且绘制简单的内容较容易实现，而当被移动目标大且绘制较复杂时，采用这样的方法就不理想。C 语言图形库中，有将指定区域的一个位图像存到主存储区中的函数，也有在屏幕指定位置显示一个图像的函数。这样，通过将存储区中的图像不断地取出并粘贴到指定的位置也可产生动画效果。

（3）利用移动背景法产生动画

有些动画内容只移动目标是不能产生很好的动画效果的，如汽车的长时间行驶、飞机的航行等，由于受到屏幕所限，只能是稍纵即逝。我们可以用背景移动法来实现动画，基本思想是目标不动，通过移动背景，使视觉产生相对运动，从而形成动画。

（4）利用图像的异或(XOR)操作技术产生动画

在图形方式下，C 语言还提供了设置画图的输出模式函数 setwritemode()。实现方法是：当设定 setwritemode()函数的参数为 R2_XORPEN 时，将先以异或方式画一幅图，然后在相同位置处以异或方式再画一次，该幅图即被抹掉，之后再在新位置输出图像，每幅图均要画两次，即第一次显示，第二次为抹掉，如此交替进行，从而产生了动画的效果。同样，putimage()也可实现异或操作，在后面的例子中会讲解说明。

动画的形式是多种多样的，还有活动页动画和调色板动画等，在这我们就不一一描述了。下面我们制作一个简单的动画程序。

【例 c_task7-1-4】绿色的小球从左向右移动。

```c
#include <graphics.h>
#include <conio.h>
void main(){
    initgraph(640, 480);
    //循环画出图形，擦除图形，实现动画效果
    for(int x=100; x<620; x+=5) {
        // 在指定的位置画图形
        setcolor(YELLOW);           //设置画线颜色为黄色
        setfillcolor(GREEN);        //设置填充颜色为绿色
        fillcircle(x, 100, 20);     //用设置好的颜色画填充圆
        // 延时
        Sleep(600);                 //延时 600 毫秒，程序暂停 600 毫秒
        // 将当前位置的图形用背景色画一遍，即擦除图形
        setlinecolor(BLACK);        //设置画线颜色为黑色
        setfillcolor(BLACK);        //设置填充颜色为黑色
        fillcircle(x, 100, 20);     //用设置好的颜色画填充圆
    }
    getch();
    closegraph();
}
```

程序运行的场景如图 7-12 所示。

图 7-12　向右移动的实心圆

程序实现动画的方式是：画出图形，停留一些时间，用背景色在当前位置画图形（即擦除图像），再在新的位置画出图形，停留一些时间，然后用背景色在当前位置画图形（即擦除图像），这样循环进行下去就产生了动画效果。

【例 c_task7-1-5】在【例 c_task7-1-3】例子基础上，我们画图一辆小车，并通过异或方式实现动画。

```c
#include<graphics.h>              //引入相关的头文件
#include<conio.h>
#include <stdlib.h>
void tree();                     //函数声明
void scene();
void car();
```

```
IMAGE img,img1;                        //定义图像类型的变量
void main(){
    int x=0;
    initgraph(640,480);                //屏幕初始化
    tree();                            //画小树并存入内存
    cleardevice();                     //清屏
    car();                             //画小车并存入内存
    cleardevice();                     //清屏
    scene();                           //绘制场景
    while(true){
        x=x+2;
        if(x>300) x=0;
        putimage(x+150,292,&img1,SRCINVERT);     //最后一个参数表示异或方式画图
        Sleep(200);
        //异或方式二次画图，实际将原图擦除
        putimage(x+150,292,&img1,SRCINVERT);
    }
    getch();                           //程序暂停
    closegraph();                      //关闭图形模式
}
void tree(){                           //画树函数
    line(10,30,30,0);                  //用线段组成树冠
    line(30,0,50,30);
    line(10,30,50,30);
    line(0,40,20,30);
    line(40,30,60,40);
    line(0,40,60,40);
    rectangle(29,40,31,80);            //画树干
    getimage(&img,0,0,60,80);          //将图形数据存入图像变量 img 中
}
void scene(){                          //画场景函数
    outtextxy(270,180,"小车动画场景");    //在指定的坐标位置显示字符串
    putimage(150,250,&img);            //将内存中的小树图像显示在(150,250)位置
    putimage(250,250,&img);
    putimage(350,250,&img);
    putimage(450,250,&img);
    line(150,330,510,330);             //画地平线
}
void car( ){                           //画小车
```

```
line(27,0,61,0);
line(27,0,18,8);
line(18,8,8,8);
line(8,8,0,28);
line(0,28,101,28);
line(101,28,92,8);
line(92,8,71,8);
line(71,8,61,0);
rectangle(30,4,42,10);
rectangle(46,4,58,10);
setfillcolor(BLUE);
fillcircle(26,28,10);
fillcircle(75,28,10);
getimage(&img1,0,0,101,38);        //将图形数据存入图像变量 img1 中
}
```

程序运行结果如图 7-13 所示。

图 7-13　程序运行结果

程序实现动画的方式是：画出一个小树，并存入内存中，清屏，再画出一辆小车，并存入内存中，清屏，绘制场景，然后连续在不同的位置显示小车，暂停一些时间，擦除小车，这样循环往复产生动画效果。强调一点的是，这里是采用异或方式实现擦除的。

任务实施

（1）要点分析

首先要画出一个静态的卡车图形，如图 7-14 所示，所使用的图形是填充矩形和填充圆。这里要注意，由于后画的图形会遮挡住先画的图形，因此车身要先画，车窗和车轮要后画。从图 7-14 中，借助坐标尺，图形的坐标位置很容易确定，比如车厢的矩形左上角坐标是(100,170)，其他同理。

编程的思路如图 7-15 所示。

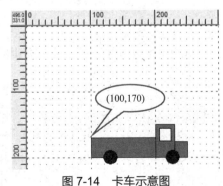

图 7-14　卡车示意图

120

画出卡车 → 存入内存 → 取出卡车图像显示在指定位置 → 暂停 → 擦除
循环

图 7-15 程序实现思路

（2）创建工程

打开 VC6.0 集成开发环境，选择"文件"→"新建"菜单命令，打开"新建"对话框，如图 7-16 所示。在工程列表中，选择 Win32 Console Application。在"工程名称"文本框中，输入新工程的名称，如"c_paint1"，单击 确定 按钮，完成工程的创建。当然也不是每一次都需要创建工程，如果在原有的工程中创建源程序文件，则只需要打开原有工程。

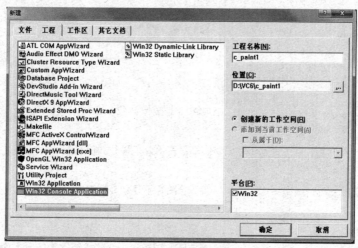

图 7-16 新建工程

（3）创建源程序文件

选择"文件"→"新建"菜单命令，打开"新建"对话框，如图 7-17 所示。在文件列表中，选择 C++ Source File，在"文件名"文本框中，输入源程序名称，如 c_practice7-1-1，单击 确定 按钮，完成源程序文件的创建。

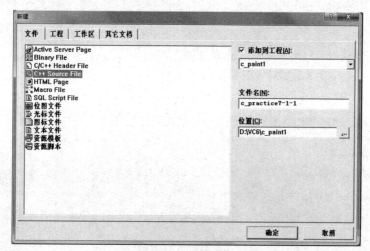

图 7-17 新建文件

（4）编写程序代码

在代码编辑区输入以下代码：

【例 c_practice7-1-1】

```
#include <graphics.h>
#include <conio.h>
#include <stdlib.h>
#include <stdio.h>

// 声明程序中要使用的自定义函数
void carstart(int x, int y);
void drawtruck();
void init();

// 定义全局变量
IMAGE img;                        //IMAGE 是图像类型
void main(){
    int x=0, y=0;                 //x 和 y 表示卡车移动的位移量
    init();
    BeginBatchDraw();             //如下绘图暂不显示在屏幕上
    while(1){
        x += 2;                   //表示一辆车每一次移动的位移量为 2 像素
        y++;                      //表示另一辆车每一次移动的位移量为 1 像素
        if (x > 600) x = -150;
        if (y > 600) y = -150;
        carstart(x, y);           //在指定的位置，画出两辆卡车和地平线
        FlushBatchDraw();         //将以上绘制的图像输出到屏幕上
        Sleep(20);                //暂停 20 毫秒
    }

    EndBatchDraw();               //结束批量绘制
    closegraph();
}
/*画卡车函数*/
void drawtruck(){
    setcolor(GREEN);
    setfillcolor(BROWN);
    fillrectangle(100,170,200,200);
    fillrectangle(200,150,230,200);
    fillrectangle(230,175,250,200);
    setfillcolor(WHITE);
```

```
    fillrectangle(205,155,225,175);
    setfillcolor(BLUE);
    fillcircle(130,200,12);
    fillcircle(228,200,12);
}
/*在指定横坐标参数的位置画出卡车和地平线函数*/
void carstart(int x, int y){
    cleardevice();                   //清屏
    putimage(x, 68, &img);           //在(x,68)位置将内存中的图像输出显示
    setlinestyle(PS_SOLID, 10);      //设置线形（样式和大小）
    line(0, 135, 600, 135);
    putimage(y, 248, &img);
    line(0, .315, 600, 315);
}
/*动画运行前的准备部分用 init()函数完成*/
void init(){
    // 画图模式初始化，并将窗体设为宽 600 和高 600
    initgraph(600, 600);

    outtextxy(70, 250, "          ******************************************");
    outtextxy(70, 270, "               下面演示的是两辆卡车向右行驶的动画");
    outtextxy(70, 290, "          -----------请按任意键观 看动画效果---------");
    outtextxy(70, 320, "          ******************************************");
    //等待按任意键
    getch();
    setbkcolor(WHITE);               //设置背景色
    cleardevice();                   //清屏
    drawtruck();                     //画卡车
    getimage(&img, 100, 150, 250, 210); // 将矩形区域的图像保存到内存空间中
}
```

（5）编译程序并运行

编译程序，如果无错误，单击运行，结果如图 7-18 所示。

图 7-18　程序运行结果

实践训练

（1）画一辆小车，实现从左向右行驶的动画效果，如图 7-19 所示。

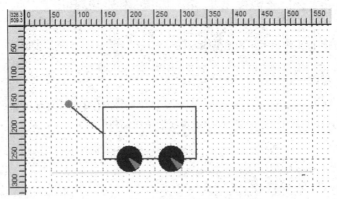

图 7-19　小车动画效果场景示意图

要点分析：

① 编写自定义函数画出静态小车，并存入内存中。

② 构建循环结构，在其中不断地从内存中取出图像显示在屏幕指定位置，暂停一些时间，擦除后再画，不断往复实现动画效果。

（2）在图 7-20 场景的天空部分画一架飞机，实现从左向右飞行的动画效果；如果可能，最好使螺旋桨有旋转的效果。

图 7-20　飞机飞行的场景

要点分析：

① 编写自定义函数画出静态直升机，改变螺旋桨的位置，并将不同位置螺旋的直升机的多张图形存入内存中。

② 其他与实践训练（1）相同。

任务二　模拟时钟动画

任务说明

时钟是我们生活中的必备计时工具，也是大家最为熟悉的生活用品之一。在本次任务中，我们将绘制一个简单的时钟动画，如图 7-21 所示。本次任务将会用到函数和结构体等知识，并能进一步提升我们的编程能力。

图 7-21 简单的时钟动画

 相关知识

7.5 指针变量作为函数的参数

在 C 语言中，函数的参数不仅可以是整数、小数、字符等具体的数据，还可以是指向它们的指针。用指针变量作函数参数可以将函数外部的地址传递到函数内部，使得在函数内部可以操作函数外部的数据，并且这些数据不会随着函数的结束而被销毁。

【例 c_task7-2-1】已知变量 a=66，b=99，交换变量 a 和 b 的值。

```c
#include <stdio.h>
/*交换变量值的函数*/
void swap(int *p1, int *p2){        //函数的参数 p1 和 p2 是指针变量
    int temp;                       //临时变量
    temp = *p1;                     //将 p1 指向的变量值赋给 temp 变量
    *p1 = *p2;                      //将 p2 指向的变量值赋给 p1 指向的变量
    *p2 = temp;                     //将 temp 变量的值赋给 p2 指向的变量
}

void main(){
    int a = 66, b = 99;
    swap(&a, &b);                   //将 a 和 b 的地址作为函数的实参
    printf("a = %d, b = %d\n", a, b);  //输出 a 和 b 的值
}
```

程序运行结果如图 7-22 所示。

a = 99, b = 66

图 7-22 程序运行结果

把指针变量作为函数的参数，这对初学者来说理解起来比较困难，因此，我们用图 7-23 来加以说明：第一步，在调用 swap() 函数时，将变量 a 和 b 的地址 2010、2018 传给指针变

量 p1 和 p2；第二步，变量值的交换，首先通过指针变量 p1 引用变量 a，将其值 66 赋给变量 temp，其次通过指针变量 p2 引用变量 b，将其值 99 赋给指针变量 p1 指向的变量 a，最后将变量 temp 的值 66 赋给指针变量 p2 指向的变量 b。

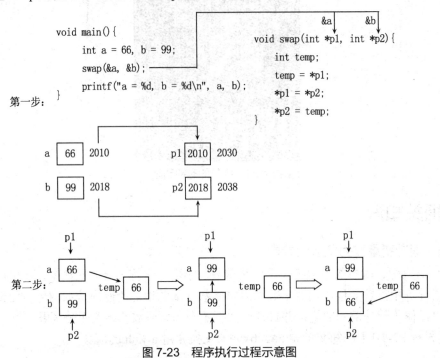

图 7-23　程序执行过程示意图

7.6　指针变量与一维数组

数组是一系列具有相同类型的数据的集合，数组中的所有元素在内存中是连续排列的，整个数组占用的是一个连续的内存单元。以 "int arr[] = { 3, 10, 58, 109, 252 };" 为例，该数组在内存中的分布如图 7-24 所示。

一维数组名代表数组的首地址，它指向数组的第 0 个元素。在 C 语言中，我们将第 0 个元素的地址称为数组的首地址。以上面的数组为例，在图 7-25 中，arr 指向数组首地址。

| 3 | 10 | 58 | 109 | 252 |

↑
arr

| 3 | 10 | 58 | 109 | 252 |

图 7-24　数组在内存中存放数据的示意图　　图 7-25　数组名代表数组首地址

【例 c_task7-2-2】建立指针与数组之间的关系。

```
int a[5];     //定义整型数组 a
int *p;       //定义指向整型变量的指针变量
p=a;          //将数组的首地址赋给指针变量 p
```

数组 a 定义后，数组元素 a[0]~a[4]占用连续的内存单元，数组名 a 代表数组的首地址；整型指针 p 定义之后，通过语句 "p=a;" 建立指针 p 与数组 a 之间的关系，此时 p 的值与 a

相同，都代表了数组的首地址。二者的区别在于，数组名 a 是常量，指针 p 是变量。指针 p 与数组 a 之间的关系如图 7-26 所示。

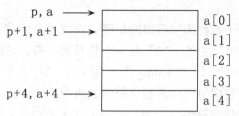

图 7-26　指针 p 与数组 a 的关系

根据地址运算规则，a+1 是 a[1] 的地址，a+i 就是 a[i] 的地址。因为 p 与 a 都代表了数组的首地址，所以数组和指针之间有如下等价关系。

关于地址：&(a[i])　<==>　a+i　<==>　p+i

关于元素：a[i]　<==>　*(a+i)　<==>　*(p+i)

【例 c_task7-2-3】输出一维数组各元素的地址。

```c
#include<stdio.h>
void main(){
    int a[5],*p,k;
    p=a;
    printf("(1)获取各个数组元素的地址：\n");
    for(k=0;k<5;k++)
        printf("&a[%d]=%d\n",k,&a[k]);
    printf("(2)利用指针表示数组元素的地址：\n");
    for(k=0;k<5;k++)
        printf("p+%d=%d\n",k,p+k);
}
```

程序运行结果如图 7-27 所示。

图 7-27　程序运行结果

7.7　字符数组

字符串是指一串字符，C 语言中规定字符串常量用双引号括起来，例如：

"beijing"

"C program"

"0577-86295984"

字符串中包含的字符个数称为字符串的长度。长度为 0 的字符串称为空字符串。C 语言规定，字符串必须以 "\0" 结尾。"\0" 是一个特殊的字符，它的 ASCII 码值是 0。字符串常量的末尾自动包含 "\0"，如 ""beijing"" 实际上由 "'b', 'e', 'i', 'j', 'i', 'n', 'g', '\0'" 组成。C 语言没有字符串变量，字符串可以存放在字符型数组中。

（1）用字符型数组存放字符串

定义一个字符型数组，同时把一个字符串以初始化的形式存放在其中。例如把字符串 "beijing" 存放到一个数组 x 中时，可以采用如下的数组初始化语句：

```
char x[15]={'b','e','i','j','i','n','g','\0'};   //定义 x, 同时把"beijing"存放其中
```

该语句通常写成：

```
char x[15]="beijing";   // 定义 x, 同时把"beijing"存放其中
```

注意，数组 x 总共有 15 个元素，因此字符串存放在 x 中时只占部分空间。其存储情况如图 7-28 所示。

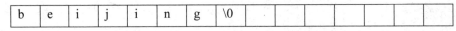

图 7-28　字符数组在内存中的存放示意图

如果省略数组长度，则定义一个数组刚好存放一个字符串。例如：

```
char x[]="beijing";       //定义 x, x 的空间大小刚好能把"beijing"存放其中
```

其存储情况如图 7-29 所示。

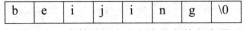

图 7-29　字符数组在内存中的存放示意图

由于字符串以及结束标志'\0'存放在数组中，因此数组长度至少要比字符串的长度大 1，否则数组就没有足够的地方存放字符串。如下面的语句就是错误的：

```
char x[7]="beijing";       // 错误，数组的长度至少应该是 8
```

（2）定义一个字符型数组

通过键盘输入一个字符串存放在其中，输入字符串可以采用 scanf，也可以使用 gets。例如：

```
char x[20];
gets(x);                   //输入一行字符串存放在 x 中
scanf("%s", x);            //输入一行字符串存放在 x 中。格式字符为%s，注意 x 前面不加&符号
```

gets 和 scanf 的区别是 gets 输入的字符串可以包含空格或制表符，而 scanf 不行。

（3）字符串输出

可以通过 printf 或 puts 输出一个字符串。两者的区别是 puts 除了输出字符串外还自动换行。在使用 printf 输出字符串时，格式字符为"%s"。例如：

```
char x[]="beijing";
printf("%s",x);              //输出存放在 x 数组中的字符串
puts("%s",x);                //输出存放在 x 数组中的字符串，再输出一个换行符
printf("%s","shanghai");     //输出字符串"shanghai"
puts("shanghai");            //输出字符串"shanghai"，再输出一个换行符
```

（4）字符串处理函数

使用以下介绍的字符串库函数时必须包含头文件：string.h。

① strcpy(s1,s2)可将存放在 s2 中的字符串复制到 s1 中，s2 保持不变。

例如：执行下面语句后，x 中的内容变为"efg"。

```
char x[10]="abcd",y[10]="efg";
strcpy(x,y);
```

② strcat(s1,s2)将字符串 s2 的内容加到 s1 之后，要求字符数组 s1 的长度足够大。

例如：执行下面语句后，x 中的内容变为"abcd123"。

```
char x[20]="abcd",y[10]="123";
strcat(x,y);
```

③ strcmp(s1,s2)是字符串大小比较函数。当 s1 大于 s2 时，函数值大于 0；当 s1 等于 s2 时，函数值等于 0；当 s1 小于 s2 时，函数值小于 0。

字符串比较是对两个字符串自左至右逐个字符进行比较，直到出现不同的字符或遇到"\0"为止。若出现不同的字符，则仅比较第一个不同字符的 ASCII 值；若全部字符相同，则认为一样大；若一个字符串的全部是另一个字符串的前一部分，则后者较大。

【例 c_task7-2-4】利用库函数编程：输入两个字符串 s1 和 s2，先将 s1 复制到 s3 中，然后把 s2 也加到 s3 的后面，输出 s3 及其长度。

```
#include <stdio.h>
#include <string.h>
main( ) {
    char s1[30], s2[30],s3[30]; //如果输入字符串较长，则长度 30 还要更大些
    gets(s1);                   //接收键盘输入的字符串
    gets(s2);
    strcpy(s3,s1);              //将 s1 字符数组中的字符串复制到 s3 数组中
    strcat(s3,s2);              //将 s2 字符数组中的字符串连接到 s3 数组字符串的后面
    printf("s3:  %s\n", s3);
}
```

程序运行结果如图 7-30 所示。

```
I am a student
 you are teacher
s3:  I am a student you are teacher
```

图7-30 程序运行结果

【例 c_task7-2-5】输入一个字符串，输出字符串中所有的数字。

```c
#include <stdio.h>
#include <string.h>
main( ) {
    char s1[30];
    int i;
    printf("输入:");
    scanf("%s",s1);
    printf("输出:");
    for(i=0;s1[i]!='\0';i++)   //当遇到字符串结束符时，结束循环
        if(s1[i]>='0' && s1[i]<='9')
            putchar(s1[i]);
    printf("\n");
}
```

程序运行结果如图 7-31 所示。

输入:Iam6student123you68are89d
输出:61236889

图 7-31　程序运行结果

7.8　结构体

在日常生活中，我们出差或旅行时，需要携带日用品、衣物和工具等。由于零散的物品不便于携带，我们通常会将它们放入一个旅行包中构成一个整体，化零为整，这样就便于携带了。在使用的时候，我们从包中取出即可，如图 7-32 所示。

图 7-32　小件物品装入包中

在 C 语言中，我们也有类似的情况，比如一个学生包括姓名、年龄、性别、身高、体重、学校、专业、班级、课程等相关数据信息，如果用基本数据类型来表示的话，这些数据零零散散，不便于使用和操作，因此我们需要将它们组合成一个整体，以方便使用，如图 7-33 所示。下面我们学习的数据类型结构体就能达到这样的要求。

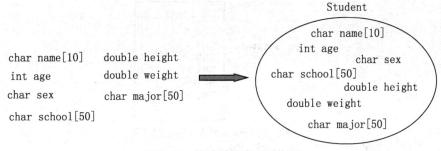

图 7-33 构造数据类型示意图

（1）结构体类型定义

结构体定义格式：

```
struct 结构体类型名 {          // struct 是关键字
    数据类型 成员 1;
    数据类型 成员 2;
       ⋮
    数据类型 成员 n;
};
```

例如：

```
struct Student{               // Student 是结构体类型名称
    char name[10];            //姓名
    int age;                  //age 为成员名，表示年龄
    char sex;                 //性别
    char school[50];          //学校
    double height;            //身高
    double weight;            //体重
    char major[50];           //专业
}
```

这样我们就构造出了新的数据类型 Student，而在结构体中的数据类型的变量成为其成员变量。

（2）结构体变量的定义

格式：

```
struct 结构体类型名 结构体变量名;
```

例如：

```
struct Student stu;  //stu 为结构体 Student 类型的变量
```

由于 Student 是结构体类型，用其定义的变量 stu 就拥有了它的成员变量，如图 7-34 所示。

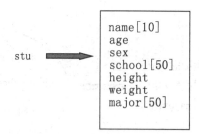

图 7-34　结构体变量 stu 的成员变量

这就好比 stu 变量是一个旅行包，其成员变量是零散的物品，这样通过 stu 变量将零散的变量整合到一起，形成一个整体，就便于使用和操作了。

（3）结构体变量中成员的引用

格式：

结构体变量名.成员变量名

例如：

```
stu.age=19;                          //引用成员变量 age，将 19 赋给成员变量 age
printf("stu.age=%d\n",stu.age);      //将成员变量 age 的值输出到显示设备上
```

【例 c_task7-2-6】输入 3 个学生姓名和 3 门课成绩，输出学生姓名、成绩及平均分。

```
#include <stdio.h>
/*定义学生结构体类型 student*/
struct student{
    char name[9];            //用于存放学生名字的字符串数组
    float score[3];          //用于存放学生成绩的实型数组
    float ave;               //用于存放平均成绩的变量
}stu[10];                    //在结构后面直接定义结构体数组
main(){
    int i, j;
    printf("请输入学生姓名及成绩：\n");
    for(i=0;i<3;i++){
        printf("请输入第%d 个学生姓名（按回车键结束）\n",i+1);
        scanf("%s",stu[i].name);
        printf("请输入第%d 个学生 3 门课成绩：\n",i+1);
        stu[i].ave=0;
        for(j=0; j<3; j++){
            scanf("%f",&stu[i].score[j]);
            stu[i].ave= stu[i].ave +stu[i].score[j];
        }
        stu[i].ave=stu[i].ave/3;
    }
```

```
    printf("\n 学生姓名、成绩及平均分为：　\n");
    printf("\n\n 姓名\t 课程 1\t 课程 2\t 课程 3\t 平均成绩\n");
    for(i=0;i<3;i++){
        printf("%s",stu[i].name);
        for(j=0; j<3; j++){
            printf("%8.1f",stu[i].score[j]);
        }
        printf("%8.2f\n\n",stu[i].ave);
    }
}
```

程序运行结果如图 7-35 所示。

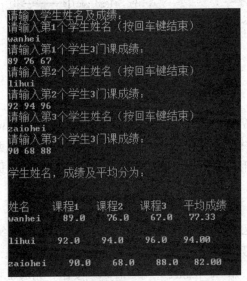

图 7-35　程序运行结果

任务实施

（1）任务分析

本次任务是绘制一个简单的时钟动画，其关键是确定时钟指针的坐标值，并绘制出来。下面，我们就一步步分析和说明，将整个过程展示出来。

首先，我们画一个表盘，这一步较为简单，关键是在正确的位置画出表的指针。为了清楚地讲解和说明，我们以秒针为例，如图 7-36 所示，假设秒针处在 10 分钟的位置。要画出表示秒针的线段，需要知道两个端点坐标，从图 7-36 可看出，一个端点是圆心点 (320,240)，另一个端点是 (x,y)。x=320+a，y=240-b，就是说需要求 a 和 b 的值。由于秒针的长度是已知的，a=msinα，b=mcosα，所以关键是要求出角度 α 的值（这里是弧度值）。在这里，我们假设相对坐标系的 y 轴为角度的起始边，顺时针方向为正向，秒针每转动一秒钟，其与 y 轴的夹角的弧度值为 2π/60，秒针在 10 分钟的位置时，其与 y 轴正向的夹角弧

度值是 $10*2\pi/60$，这样我们就能计算出秒针的另一个端点坐标值。同理分针和时针的另一个端点坐标也可以计算出来。

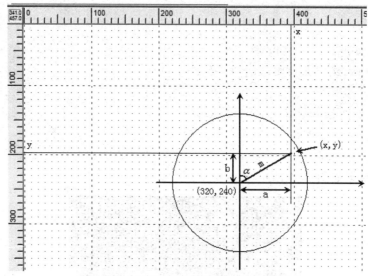

图 7-36　时钟指针端点坐标计算示意图

另外，我们还用到 SYSTEMTIME 时间结构体类型，其包含有 wHour、wMinute、wSecond 成员变量，分别表示小时、分钟和秒，因此用这个时间结构体类型，我们可以定义一个时间结构体变量，通过使用获取系统时间的函数，取得系统时间并保存在时间结构体变量中供我们使用。

（2）创建工程

打开 VC6.0 集成开发环境，选择"文件"→"新建"菜单命令，打开"新建"对话框，如图 7-37 所示。在工程列表中，选择 Win32 Console Application，在"工程名称"文本框中，输入新工程的名称，如"c_paint1"，单击 确定 按钮，完成工程的创建。当然也不是每一次都需要创建工程，如果在原有的工程中创建源程序文件，则只需要打开原有工程。

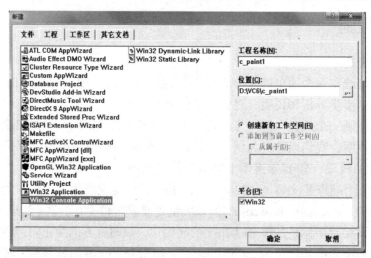

图 7-37　新建工程

（3）创建源程序文件

选择"文件"→"新建"菜单命令，打开"新建"对话框，如图 7-38 所示。在文件列表中，选择 C++ Source File，在"文件名"文本框中，输入源程序名称，如 c_practice7-2-1，单击 确定 按钮，完成源程序文件的创建。

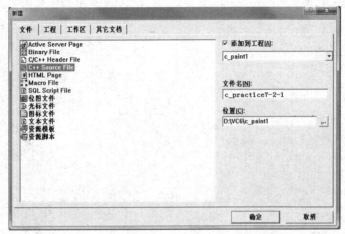

图 7-38　新建文件

（4）编写程序代码

【例 c_practice7-2-1】

```c
#include<graphics.h>
#include<conio.h>
#include<math.h>
#define PI 3.14159265359
//计算时、分和秒针末端的坐标位置，并画出指针
void Draw(int hour, int minute, int second){
    double a_hour,a_min,a_sec;
    int x_hour,y_hour,x_min,y_min,x_sec,y_sec;   //时、分、秒针的末端位置的横纵坐标变量
    //计算时、分、秒针的弧度值
    a_sec=second*2*PI/60;
    //由于分针的弧度包括分和秒的总和，a_sec/60 是将秒针的弧度值转换为分针的弧度值
    a_min=minute*2*PI/60+a_sec/60;
    a_hour=hour*2*PI/12+a_min/12;          //同理计算时针的弧度值
    //计算时、分、秒的末端位置
    x_sec=320+(int)(120*sin(a_sec));      //120 为秒针的长度
    y_sec=240-(int)(120*cos(a_sec));
    x_min=320+(int)(100*sin(a_min));      //100 为分针的长度
    y_min=240-(int)(100*cos(a_min));
    x_hour=320+(int)(70*sin(a_hour));     //70 为时针的长度
    y_hour=240-(int)(70*cos(a_hour));
```

```c
    //画时针
    setlinestyle(PS_SOLID,10);        //设置线型为实线和线宽为10像素
    setlinecolor(WHITE);
    line(320,240,x_hour,y_hour);
    //画分针
    setlinestyle(PS_SOLID,6);
    setlinecolor(LIGHTGRAY);
    line(320,240,x_min,y_min);
    //画秒针
    setlinestyle(PS_SOLID,2);
    setlinecolor(RED);
    line(320,240,x_sec,y_sec);

}
void face(){
    setfillcolor(BLUE);
    setlinestyle(PS_SOLID,10);
    setcolor(BROWN);
    fillcircle(320, 240, 160);
    setcolor(WHITE);
    setlinestyle(PS_SOLID,1);
    circle(320, 240, 2);
    circle(320, 240, 60);
    setlinestyle(PS_SOLID,6);
    setcolor(LIGHTGREEN);
    line(320,85,320,95);
    line(320,395,320,385);
    line(165,240,175,240);
    line(475,240,465,240);
    outtextxy(296, 310, _T("安防表"));
}
void main(){
    SYSTEMTIME ti;                    //定义时间结构体变量ti
    initgraph(640,480);               //图形屏幕初始化
    //设置画图模式为异或模式
    face();
    setrop2(R2_XORPEN);
    while(1){
        GetLocalTime(&ti);            //获取系统时间放入结构体变量ti中
```

```
        Draw(ti.wHour,ti.wMinute,ti.wSecond);//根据时、分和秒画时针、分针和秒针
        Sleep(1000);
        Draw(ti.wHour,ti.wMinute,ti.wSecond);
    }
    getch();
    closegraph();
}
```

（5）编译程序并运行

编译程序，如果无错误，单击运行，结果如图 7-39 所示。

图 7-39 程序运行结果

实践训练

（1）编程实现小球在矩形框中运动的动画，如图 7-40 所示，当小球与边框碰撞时应改变方向。

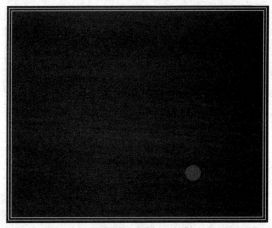

图 7-40 小球在矩形框中运动的动画

要点分析：

① 小球包含圆心坐标、半径、移动速度（Vx 和 Vy 表示横纵两个方向上的移动速度），这些可以定义一个结构体，将相关数据包含在其中。

例如：

```
struct Ball{
    int x,y,r;
    int Vx,Vy;
}
```

② 要采用模块化方式进行程序设计，就是在实现各种功能的时候，我们要分而治之，用多个函数来完成。大家要知道 C 语言程序设计就是面向函数的编程，这样有助于降低编程的复杂度，特别是程序规模较大时，采用模块化编程会带来极大的好处。

（2）已知蜘蛛网曲线图形，其数学方程如下：

theta=5t　　　(0≤t≤2π)

x=(5tsin(25t)+45)cos(theta)

y=(5tsin(25t)+45)sin(theta)

编程实现曲线图形绕其中心点旋转的动画。

要点分析：

① 画出不同旋转角度的曲线图形，并使用 getimage()函数将多幅图像保持到内存中。

② 画图采用异或模式，使用 BeginBatchDraw()实现批量画图，在执行 FlushBatchDraw()后实现一次性输出到显示设备上。

③ 采用循环的方式，不断地使用 putimage()函数将多个曲线图像每次不同的显示在一个屏幕上实现动画效果。

扫一扫在线测

项目 八 使用C语言图形函数实现游戏

学习目标

- 掌握键盘响应的处理方法
- 掌握游戏的编程思路
- 掌握图片的读取方法

项目描述

本项目将学习游戏实现的基本原理、键盘响应和按键的使用等相关的知识,重点是用C语言图形函数编写游戏程序。

任务一　小人接水果游戏

任务说明

本次任务,我们将使用 C 语言的画图及图形函数实现小人接水果游戏,效果如图 8-1所示。

图 8-1　小人接水果游戏

相关知识

8.1 键盘响应处理

键盘对于电脑来说无疑是最为主要的输入设备之一，在游戏中，我们往往通过键盘操作来控制游戏对象的移动、射击和与敌方的对打，在程序设计中如何来获取按键信息是本节要学习的知识。键盘上的每一个键都对应一个 ASCII 码，如表 8-1 所示。

表 8-1 常用按键对应的 ASCII 码

键符	十进制键值	键符	十进制键值
a	97	p	112
b	98	q	113
c	99	r	114
d	100	s	115
e	101	t	116
f	102	u	117
j	103	v	118
h	104	w	119
i	105	x	120
j	106	y	121
k	107	z	122
l	108	←	75
m	109	↑	72
n	110	→	77
o	111	↓	80

C 语言中提供了相关的函数来响应和处理键盘事件，下面我们来学习这些函数的使用。

（1）int kbhit( )

检查当前是否有键盘输入，若有则返回一个非 0 值，否则返回 0，该函数包含在 conio.h 头文件中。

（2）int getch(void)

接受键盘输入的一个字符，但是不显示在屏幕上，该函数包含在 conio.h 头文件中。

【例 c_task8-1-1】

```
#include<stdio.h>
#include<conio.h>
void main( ){
  while(1){          //原则上不应使用死循环，此处是为了讲解 kbhit( )和 getch( )函数
```

```
if(kbhit( )){              //kbhit( )函数的返回值作为 if 的判断条件
    int key=getch( );  //使用 getch( )函数接受键盘输入的键符，并赋给变量 key
    printf("你按键盘上的%c 键了\n",key);  //%c 表示字符类型
    }
  }
}
```

程序运行结果如图 8-2 所示。

图 8-2　程序运行结果

8.2　C 语言图形函数及其他函数

（1）从文件中读取图像

```
void loadimage(
    IMAGE* pDstImg,           //指向保存图像的存储区域的指针变量
    LPCTSTR pImgFile,         //图片文件名及路径
);
```

例如：loadimage(&img, "f:\\uu\\test.jpg");，我们通过图 8-3 来进行说明：img 是用来存储矩形区域图像的存储空间的变量名，"f:\\uu\\test.jpg" 是图片文件及路径。

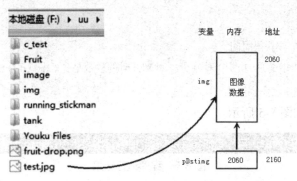

图 8-3　loadimage()函数的说明示意图

【例 c_task8-1-2】

```
#include<graphics.h>
#include<conio.h>
void main( ){
    IMAGE img;                        //定义 IMAGE 类型变量 img
    initgraph(640,480);
    loadimage(&img, "f:\\uu\\test.jpg");        //读取图片并保存在内存空间中
```

```
putimage(100,100,&img);              //从内存中取出图片显示在指定位置上
getch( );
closegraph( );
}
```

程序运行结果如图 8-4 所示。

图 8-4　程序运行结果

（2）时间函数

格式：long time(long * t);

如果已经声明了参数 t，我们就可以从参数 t 返回现在的日历时间，同时也可以通过返回值返回现在的日历时间，即从一个时间点（例如：1970 年 1 月 1 日 0 时 0 分 0 秒）到现在此时的秒数。如果参数为空（NULL），函数将只通过返回值返回现在的日历时间，其包含在 time.h 头文件中，比如下面这个例子用来显示当前的日历时间。

【例 c_task8-1-3】

```
#include<stdio.h>
#include<time.h>
void main(void) {
    long t;
    t=time(NULL);  //获得时间
    printf("从1970年1月1号0时0分0秒到此时的秒数是:  %d\n",t);
}
```

程序运行结果如图 8-5 所示。

从1970年1月 1号0时0分0秒到此时的秒数是: 1489122508

图 8-5　程序运行结果

（3）随机数发生器的初始化函数

格式：void srand(unsigned seed);

功能：它需要提供一个种子，这个种子会对应一个随机数，如果使用相同的种子，后面的 rand() 函数会出现一样的随机数。

（4）产生随机数函数

格式：int rand(void);

功能：一般产生 0～32767 之间的一个随机数，编译器不同，产生随机数的区间略有差异。

【例 c_task8-1-4】

```
#include<stdio.h>
#include<time.h>
#include<stdlib.h>
void main(void) {
    int x;
    srand(time(NULL));        //以当前时间为种子，初始化随机数发生器
    printf("产生 3 个随机数：\n");
    for(int i=0;i<3;i++){
        x=rand()%100;         //产生 0~99 的随机数
        printf("%d",x);
    }
    printf("\n");
}
```

程序运行结果如图 8-6 所示。

图 8-6　程序运行结果

任务实施

（1）要点分析

首先画出一个场景图，如图 8-7 所示，游戏主要由场景、人物和水果构成。场景就是用几个线框构成，我们可以使用 C 语言矩形函数来实现。人物涉及位置坐标、水平移动位移量和保存人物图片的图像类型的变量，这里还要考虑人物移动是通过两张图片交替显示来实现的，一张是人物图片，另一张是与背景色相同的图片，如图 8-8 所示。

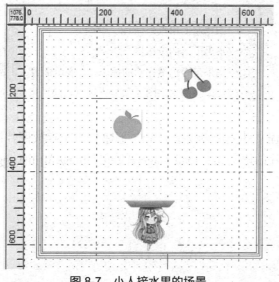

图 8-7　小人接水果的场景

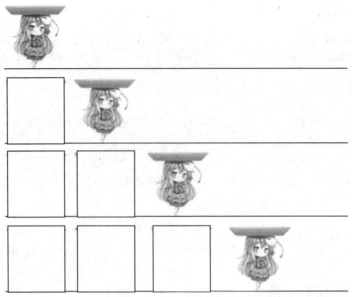

图 8-8　人物移动分解图

如此，我们设计一个人物结构体，将相关信息包含在其中，如：

```
struct people{
    int x,y;                //图片左上角点坐标(x,y)
    int Vx;                 //小人左右移动的位移量
    IMAGE img1,img2;        //用来存储人物图片和与背景色相同用来起擦除人物作用的图片
};
```

水果涉及位置坐标、下落移动的位移量和保存人物图片的图像类型的变量等，同样可设计一个水果结构体，不同的是水果下落到某位置后应消失，这里可用一个标志性变量来表示，如：

```
struct fruit{
    int x,y;                //图片左上角点坐标(x,y)
    int Vy;                 //水果下落的位移量
    int flag;               //水果是否仍然存活的标志，1 表示活着，0 表示死了
    IMAGE img1,img2;        //用来存储水果图片和与背景色相同用来起擦除水果作用的图片
};
```

另外，我们在工程文件夹（假设是 Fruit）下建立一个存放图片的子文件夹 image，如图 8-9 所示，读取图片的语句是：loadimage(&img, "image\\fruit1.jpg");，这里采用的是相对路径。

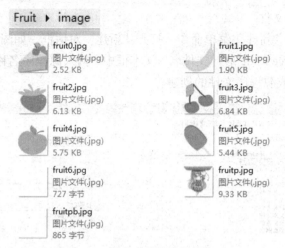

图 8-9　图片存放的目录结构

　　将问题简单化，我们假定人物与水果发生碰撞时作为接住水果的条件，图 8-10 表示水果与人物碰撞的条件分析图。在横坐标方向上，碰撞的条件是：x1<x+109&&x1>x-80，在纵坐标方向上，碰撞的条件是：y1<y+113&&y1>y-80。

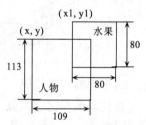

图 8-10　水果与人物碰撞示意图

　　在整个程序的设计中，应采用"自顶而下、逐步求精"的设计思想，其出发点是从问题的总体目标开始，抽象低层的细节，先专心构造高层的结构，然后再一层一层地分解和细化。这使设计者能把握主题，高屋建瓴，避免一开始就陷入复杂的细节中，使复杂的设计过程变得简单明了，过程的结果也容易做到正确可靠。

　　（2）创建工程

　　打开 VC6.0 集成开发环境，选择"文件"→"新建"菜单命令，打开"新建"对话框，如图 8-11 所示。在工程列表中，选择 Win32 Console Application。在"工程名称"文本框中，输入新工程的名称，如"c_paint1"，单击 确定 按钮，完成工程的创建。当然也不是每一次都需要创建工程，如果在原有的工程中创建源程序文件，则只需要打开原有工程。

图 8-11　新建工程

（3）创建源程序文件

选择"文件"→"新建"菜单命令，打开"新建"对话框，如图 8-12 所示。在文件列表中，选择 C++ Source File，在"文件名"文本框中，输入源程序名称，如 c_practice8-1-1，单击 确定 按钮，完成源程序文件的创建。

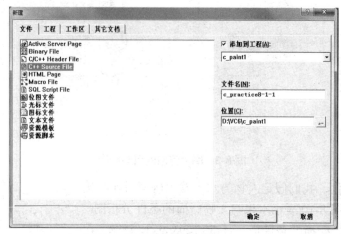

图 8-12　新建文件

（4）编写程序代码

在代码编辑区键入以下代码：

【例 c_practice8-1-1】

```c
#include<stdio.h>
#include<conio.h>
#include<graphics.h>
#include<stdlib.h>
#include<time.h>
#define LEFT 106                    //键 j 对应的键值为 106
#define RIGHT 108                   //键 l 对应的键值为 108
////////////////////////////////////////////////////////////////////
   //定义人物结构体及变量
struct people{
    IMAGE img1,img2;
    int x,y;
    int Vx;
    } girl;                         //定义结构体 people 的变量 girl
    ////////////////////////////////////////////////////////////////////
    //定义水果结构体及变量
struct fruit{
    IMAGE img1,img2;
    int x,y,flag;
```

146

```c
    int Vy;
} fru[20];                                //定义结构体 fruit 的数组 fru[20]
/////////////////////////////////////////////////////////////////////
int key=0;                                //用来存放键值的整型变量
int n=0,w=0,scores=0;
char s[10];                               //定义字符数组
/////////////////////////////////////////////////////////////////////
//绘制场景函数
void sence(){
    setcolor(GREEN);
    rectangle(50,20,650,620);             //绘制矩形
    rectangle(40,10,660,630);
    rectangle(45,15,655,625);
    rectangle(42,12,657,627);
    rectangle(47,17,653,623);
}
/////////////////////////////////////////////////////////////////////
//人物数据初始化，包括位置坐标值、装载图片和位移量
void init(){
    loadimage(&girl.img1,"image\\fruitp.jpg");
    loadimage(&girl.img2,"image\\fruitpb.jpg");
    girl.x=280;
    girl.y=508;
    girl.Vx=10;
}
/////////////////////////////////////////////////////////////////////
//人物左右水平移动函数
void girlmove(){
    if(kbhit()){                          //如果有按键事件发生时，执行以下代码
    key=getch();                          //获取键值的 ACSII 码
    switch(key){                          //根据键值，确定是否按了 j 或 l 键
        case LEFT:
            girl.x=girl.x-girl.Vx;        //按了 j 键，位置的横坐标值减去位移量，向左移
            break;
        case RIGHT:
            girl.x=girl.x+girl.Vx;        //按了 l 键，位置的横坐标值加上位移量，向右移
            break;
    }
    if(girl.x<=51)  girl.x=51;            //表示移到场景左边框位置时，不能再往左移
```

```
        /*表示移到场景右边框位置时，不能再往右移，109 是图片的宽度，649 是边框的
          右边界位置，girl.x 是图片的左上角点的横坐标值*/
        if(girl.x+109>=649) girl.x=649-109;
    }
}
////////////////////////////////////////////////////////////////////////////
//隔一定的时间间隔产生水果的函数
void fruitproduce(){
    /*w 初值为 0，每次 w 加 1，增至 30 时，重新置 0。这样可以构成一定时间间隔，来执
      行 if 以下的代码*/
    if(w==30){
        /*以下代码是对水果结构体数组元素进行数据初始化的*/
        srand(time(NULL));              //以当前时间为种子，初始化随机数发生器
        /*产生随机下落的位置点，这里的 n 作为数组下标变量，初值为 0*/
        switch(rand()%6){               //rand()%6 产生 0~5 区间的随机数
            case 0:
                fru[n].x=50;            //确定水果下落的位置在横坐标 50 处
                break;
            case 1:
                fru[n].x=150;           //确定水果下落的位置在横坐标 150 处
                break;
            case 2:
                fru[n].x=250;           //确定水果下落的位置在横坐标 250 处
                break;
            case 3:
                fru[n].x=350;           //确定水果下落的位置在横坐标 350 处
                break;
            case 4:
                fru[n].x=450;           //确定水果下落的位置在横坐标 450 处
                break;
            case 5:
                fru[n].x=550;           //确定水果下落的位置在横坐标 550 处
                break;
        }
        fru[n].y=21;                    //水果图片的左上角的纵坐标值
        fru[n].Vy=10;                   //水果下落的位移量
        fru[n].flag=1;                  //表示水果处于存活状态
        /*随机产生不同的水果图片*/
        switch(rand()%6){               //rand()%6 产生 0~5 区间的随机数
```

```
                case 0:
                    //装载图像文件
                    loadimage(&fru[n].img1,"image\\fruit0.jpg");
                    break;
                case 1:
                    loadimage(&fru[n].img1,"image\\fruit1.jpg");
                    break;
                case 2:
                    loadimage(&fru[n].img1,"image\\fruit2.jpg");
                    break;
                case 3:
                    loadimage(&fru[n].img1,"image\\fruit3.jpg");
                    break;
                case 4:
                    loadimage(&fru[n].img1,"image\\fruit4.jpg");
                    break;
                case 5:
                    loadimage(&fru[n].img1,"image\\fruit5.jpg");
                    break;
            }
            loadimage(&fru[n].img2,"image\\fruit6.jpg");  //装入与背景色相同的图片
            w=0;
            n++;
            if(n>19) n=0;    //数组元素上限是20
        }
    w++;
}
//////////////////////////////////////////////////////////////////////////////
//计算每次水果下落要加上位移量后的纵坐标值的函数
void fruitmove(){
    for(int l=0;l<20;l++){                    //水果的数量最大为20,通过循环操作每一个水果
        if(fru[l].y>=444)  fru[l].flag=0; //表示下落超过一个设定位置时, 水果消失
        if(fru[l].flag==1)                //只对存活的水果进行增加位移的计算
            fru[l].y=fru[l].y+fru[l].Vy;
    }
}
//////////////////////////////////////////////////////////////////////////////
//检测水果与人物是否发生碰撞, 发生碰撞时, 返回1
int collision(){
```

```
    for(int m=0;m<20;m++){
        if(fru[m].flag==1)              //只对存活的水果进行碰撞检测
        if(fru[m].x<girl.x+109&&fru[m].x>girl.x-80&&
                          fru[m].y<girl.y+113&&fru[m].y>girl.y-80){
            fru[m].flag=0;              //对发生碰撞的水果，存活标志置 0
            return 1;
        }
    }
    return 0;
}
///////////////////////////////////////////////////////////////////////
void main(){
    int number=0;
    IMAGE img;
    initgraph(700,640);
    setbkcolor(WHITE);
    cleardevice();
    sence();                            //绘制场景
    init();                             //人物数据初始化
    while(1){
        fruitproduce();                 //隔一定的时间间隔产生一个水果
        girlmove();                     //检测按键事件，并决定是否移动人物
        fruitmove();                    //水果下落一个位移量
        for(int i=0;i<20;i++){
            if(fru[i].flag==1)          //只画出存活的水果
                putimage(fru[i].x,fru[i].y,&fru[i].img1);
        }
        putimage(girl.x,girl.y,&girl.img1);     //画出人物
        Sleep(80);
        putimage(girl.x,girl.y,&girl.img2);     //擦除人物
        for(int j=0;j<20;j++){
            if(fru[j].flag==1)          //只擦除存活的水果
                putimage(fru[j].x,fru[j].y,&fru[j].img2);
        }
        if(collision()){
            scores=scores+5;            //接住水果后加 5 分
            itoa(scores,s,10);          //将数字转换成字符串存入字符数组 s
            outtextxy(670,50,s);        //将字符数组 s 中的字符串显示在(670,50)位置上
        }
```

```
    }
    getch();
    closegraph();
}
```

（5）编译程序并运行

编译程序，如果无错误，单击运行，结果如图 8-13 所示。

图 8-13　程序运行结果

实践训练

修改以上游戏程序，增加游戏的趣味性，比如落下的不仅仅是水果，还可以是其他奖励物品，如果人物能接到它，就奖励较大的分数，同学们也可根据自己的想法来拓展该游戏程序。

要点分析：

① 在水果结构体中增加类别标志，来区分水果与其他类别的物品；

② 在发生碰撞时，可根据类别标志来增加不同的分数；

③ 还需增加其他物品图片。

任务二　贪吃蛇游戏

任务说明

贪吃蛇游戏是一个非常经典的小游戏，我们每一个人几乎都玩过这个游戏。在本次任务中，我们用 C 语言来编写贪吃蛇游戏程序，如图 8-14 所示。本次任务将会用到逻辑坐标值和结构体等知识，并能进一步提升我们的编程能力。

图 8-14　贪吃蛇游戏画面

相关知识

8.3　客户区坐标系与逻辑坐标

在本教程中，我们的绘图程序都是在控制台输出的，如图 8-15 所示。图中所示的坐标系称为客户区坐标系，其特点是原点在客户区的左上角点，客户区就是画图区，在 C 语言中，初始化的图形屏幕指的就是这个区域。

客户区坐标系的坐标单位是像素，在编写程序时，我们还会使用逻辑坐标。所谓逻辑坐标指的是用户使用自己设定的坐标单位而形成的坐标，如图 8-16 所示。图中逻辑坐标的单位设定的是 20 个像素，如点 C(10,5) 就是用逻辑坐标来表示的。通常画图时，我们是以像素为单位来表示坐标的，如此上述的点 C（10,5）以像素为单位来表示应为 C(10*20,5*20)，在后面的编程中，我们会经常做这样的坐标转换。

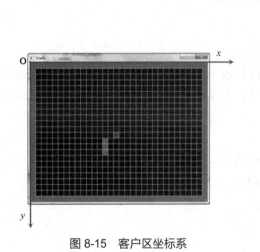

图 8-15　客户区坐标系　　　　图 8-16　逻辑坐标与客户区坐标的关系

任务实施

（1）任务分析

本次任务是编写贪吃蛇游戏，主要涉及场景、贪吃蛇、蛇的移动和食物。为了使初学者对程序的编写过程有一个充分的认识和理解，我们将逐步进行分析讲解。

① 画场景。图 8-17 是游戏场景，场景的四周是用多个棕色的填充矩形围成的。白色的网格能帮助我们更好地理解逻辑坐标与客户区坐标之间的转换关系。这里白色方格的边长是 20 个像素。最上面从左开始，第一个棕色小方格的左上角的逻辑坐标是(0,0)，右下角的逻辑坐标是(1,1)，以像素为单位来表示应为(0,0)和(1*20,1*20)。第二个棕色小方格的左上角的逻辑坐标是(1,0)，右下角的逻辑坐标是(2,1)，以像素为单位来表示应为(1*20,0)和(2*20,1*20)。第 i 个棕色小方格的左上角的逻辑坐标是(i-1,0)，右下角的逻辑坐标是(i,1)，以像素为单位来表示应为((i-1)*20,0)和(i*20,1*20)，这样可使用填充矩形函数画出棕色小正方形：fillrectangle(0,0,1*20,1*20)，fillrectangle(1*20,0,2*20,1*20),……，fillrectangle((i-1)*20,0,i*20,1*20)。如此，我们可以使用如下循环语句来实现：

```
for(int i=0;i<32;i++){
    fillrectangle(i*20,0,(i+1)*20,1*20);
}
```

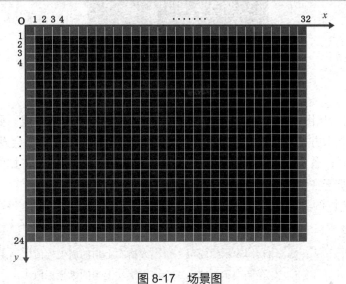

图 8-17　场景图

整个场景可以使用一个函数来完成，程序代码如【例 c_task8-2-1】所示。

【例 c_task8-2-1】

```
void sence(){
    setcolor(BROWN);                            //设置画线颜色为棕色
    setfillcolor(BROWN);                        //设置填充颜色为棕色
    for(int i=0;i<32;i++){
        fillrectangle(i*20,0,i*20+20,20);       //画出上边一行填充小方块
        fillrectangle(i*20,460,i*20+20,480);    //画出下边一行填充小方块
    }
    for(int j=0;j<24;j++){
        fillrectangle(0, j*20, 20, j*20+20);    //画出左边一行填充小方块
        fillrectangle(620, j*20,640, j*20+20);  //画出右边一行填充小方块
```

```
    }
}
void main(){
    initgraph(640,480);
        sence();
    getch();
    closegraph();
}
```

程序运行结果如图 8-18 所示。

图 8-18　程序运行结果

②　画静态蛇。从图 8-19 可以看出，蛇由三个绿色的填充方块组成。要把它画出来，我们需要知道三个小方格左上角点的坐标。考虑后续蛇还要移动及长度会发生改变，因此，蛇还涉及移动方向、长度以及死活状态。我们可以构建一个结构体，将蛇的相关类型数据变量放入其中，便于在程序中操作。

步骤 1：构建蛇的结构体

```
struct Snake{
    int x[30];          //存储表示蛇的每一个小方格左上角的横坐标值
    int y[30];          //存储表示蛇的每一个小方格左上角的纵坐标值
    int dir;            //蛇的移动方向
    int status;         //死活状态，1 表示活，0 表示死
    int length;         //蛇的长度
} snake;                //创建结构体变量 snake
```

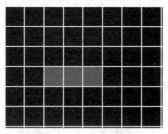

图 8-19　蛇的示意图

步骤 2：蛇的数据初始化并画出蛇

154

我们编写一个函数来完成蛇的数据初始化：

```
void initsnake(){
    snake.x[0]=16;              //设定蛇头小方格的左上角的横坐标值为16（逻辑坐标值）
    snake.y[0]=12;              //设定蛇头小方格的左上角的纵坐标值为12（逻辑坐标值）
    snake.x[1]=15;              //设定蛇身第一个小方格的左上角的横坐标值为15
    snake.y[1]=12;              //设定蛇身第一个小方格的左上角的纵坐标值为12
    snake.x[2]=14;              //设定蛇身第二个小方格的左上角的横坐标值为14
    snake.y[2]=12;              //设定蛇身第二个小方格的左上角的纵坐标值为12
    snake.dir=1;               //0 表示向左，1 表示向右，2 表示向上，3 表示向下
    snake.status=1;            //1 表示活
    snake.length=3;            //蛇的长度为3
    setfillcolor(GREEN);       //填充色为绿色
    for(int i=0;i<snake.length;i++)
        //画出蛇，下面表达式中，乘以 20 是将逻辑坐标转换为客户区坐标
        fillrectangle(snake.x[i]*20,snake.y[i]*20,
                      snake.x[i]*20+20,snake.y[i]*20+20);
}
```

步骤 3：在主函数 main()中调用 initsnake()

```
void main(){
    initgraph(640,480);
    sence();
    initsnake();
    getch();
    closegraph();
}
```

程序运行结果如图 8-20 所示。图中白色的网格是为了让我们看清楚蛇的坐标加上去的，在实际运行结果中是没有的。

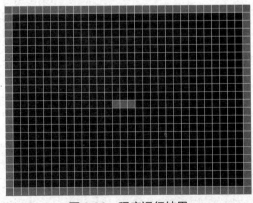

图 8-20 程序运行结果

③ 蛇的移动。蛇沿着所给的方向移动，每次移动一格，我们就编写一个函数来完成。

```c
void snakemove(){
    int x=snake.x[snake.length-1];   //将蛇尾小方格左上角点横坐标值赋给变量 x
    int y=snake.y[snake.length-1];   //将蛇尾小方格左上角点纵坐标值赋给变量 y
    setfillcolor(BLACK);             //设填充颜色为黑色
    fillrectangle(x*20, y*20,x*20+20, y*20+20); //用黑色填充尾部方格及擦除
    /*将蛇身每一小方格向前移一格*/
    for(int i=snake.length-1;i>0;i--){
        snake.x[i]=snake.x[i-1];     //用前面方格的坐标替代后面方格的坐标
        snake.y[i]=snake.y[i-1];
    }
    //根据蛇的移动方向，确定蛇头左上角点的坐标位置
    switch(snake.dir){
        case 0:
            snake.x[0]=snake.x[0]-1;
            break;
        case 1:
            snake.x[0]=snake.x[0]+1;
            break;
        case 2:
            snake.y[0]=snake.y[0]-1;
            break;
        case 3:
            snake.y[0]=snake.y[0]+1;
            break;
    }
    setfillcolor(GREEN);             //设定填充颜色为绿色
    /*重新画出蛇
    for(int j=0;j<snake.length;j++){
        x=snake.x[j];
        y=snake.y[j];
        fillrectangle(x*20, y*20,x*20+20, y*20+20);
    }
}
```

该函数执行一次只移动一格。要使蛇连续不断地移动，我们需要在 main 函数中通过循环结构来重复调用 snakemove()。局部代码如下：

```c
while(1){
    snakemove();                     //沿蛇的移动方向移动一格
```

```
    Sleep(500);                        //暂停 500 毫秒
}
```

④ 蛇的方向改变。我们通过键盘来控制蛇移动的方向，用 j 键控制向左移，l 键控制
向右移，i 键控制向上移，k 键控制向下移，用一个函数来实现。

```
#define LEFT  106                   //j 键的键值是 106
#define RIGHT 108                   //l 键的键值是 108
#define UP    105                   //i 键的键值是 105
#define DOWN  107                   //k 键的键值是 107
void changedir(){
    if(kbhit()){                    //当有按键事件发生时，执行 if 结构内的语句
        int key;
        key=getch();                //获取键值
        switch(key){                //根据键值来改变方向
        case LEFT:
            //改变方向的条件是蛇不能 180 度回头
            if(snake.dir!=1) snake.dir=0;     //0 表示向左
            break;
        case RIGHT:
            if(snake.dir!=0) snake.dir=1;     //1 表示向右
            break;
        case UP:
            if(snake.dir!=3) snake.dir=2;     //2 表示向上
            break;
        case DOWN:
            if(snake.dir!=2) snake.dir=3;     //3 表示向下
            break;
        }
    }
}
```

该函数需要在 main 函数中通过循环连续不断地检测按键事件的发生，从而确定方向的
改变，局部程序代码如下：

```
while(1){
    changedir()                     //检测按键事件的发生，并确定方向的改变
    snakemove();                    //沿蛇的移动方向移动一格
    Sleep(500);                     //暂停 500 毫秒
}
```

⑤ 产生食物。在游戏中，我们用一个填充圆表示食物，并随机产生。为此，我们需要

构建食物结构体，将食物的相关类型数据变量放入其中，便于在程序中操作。

步骤 1：定义食物结构体

```
struct Food{
    int x,y;                //定义填充圆所在方格的左上角点坐标(x,y)
    int r;                  //定义半径
    int status;             //定义食物的状态，0 表示被吃，1 表示未被吃
} food;                     //定义结构体变量 food
```

步骤 2：产生食物

```
void producefood(){
    setfillcolor(RED);           //设置填充颜色为红色
    srand(time(NULL));           //根据系统时间初始化随机数发生器
    food.x=rand()%29+1;          //随机产生 1～28，保证横坐标值在场景内
    food.y=rand()%20+1;          //随机产生 1～19，保证纵坐标值在场景内
    food.r=10;                   //原半径为 10 个像素
    food.status=1;               //设置食物状态为 1
    /*这里要注意 food.x，food.y 表示的是方格的左上角点坐标，而填充圆函数需
      要的参数是圆心坐标，由于半径为 10，因此需要将角点横纵坐标加上 10*/
    fillcircle(20*food.x+10,20*food.y+10,food.r);
}
```

游戏中，我们设定当前场景中只能有一个食物，只有食物被吃掉后才产生下一个食物，为此，我们需要判断食物是否被吃掉，在 main 函数的循环结构中加入如下语句即可。

```
while(1){
    if(food.status==0)           //如果食物被吃，执行 if 后面的语句
        producefood();           //产生食物
    changedir()                  //检测按键事件的发生，并确定方向的改变
    snakemove();                 //沿蛇的移动方向移动一格
    Sleep(500);                  //暂停 500 毫秒
}
```

⑥ 吃食物。这里的关键是吃食物的条件，假定当蛇头小方格与食物所在的小方格完全重合时，我们认为食物被吃掉，使用一个函数来完成吃食物的功能。

```
void eatfood(){
    /*下面的条件是通过判断蛇头小方格左上角点坐标与食物所在小方格左上角点
      坐标相等时，二者重合*/
    if(snake.x[0]==food.x&&snake.y[0]==food.y){
        setfillcolor(BLACK); //设定填充色为黑色及背景色
        fillcircle(20*food.x+10,20*food.y+10,food.r); //将食物擦除
        food.status=0;          //设定食物的状态为被吃
```

```
        }
}
```

在 main 函数的循环结构中加入如下语句即可。

```
while(1){
    if(food.status==0)        //如果食物被吃，执行 if 后面的语句
        producefood();        //产生食物
    eatfood();                //满足吃食物的条件时，吃食物
    changedir()               //检测按键事件的发生，并确定方向的改变
    snakemove();              //沿蛇的移动方向移动一格
    Sleep(500);               //暂停 500 毫秒
}
```

至此，贪吃蛇的程序讲解完毕，下面我们写出完整的代码。

（2）创建工程

打开 VC6.0 集成开发环境，选择"文件"→"新建"菜单命令，打开"新建"对话框，如图 8-21 所示。在工程列表中，选择 Win32 Console Application。在"工程名称"文本框中，输入新工程的名称，如"c_paint1"，单击 确定 按钮，完成工程的创建。当然也不是每一次都需要创建工程，如果在原有的工程中创建源程序文件，则只需要打开原有工程。

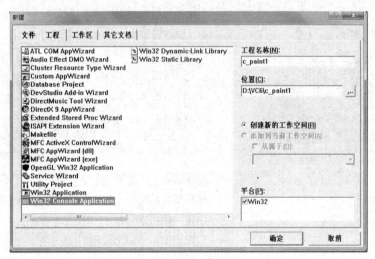

图 8-21　新建工程

（3）创建源程序文件

选择"文件"→"新建"菜单命令，打开"新建"对话框，如图 8-22 所示。在文件列表中，选择 C++ Source File，在"文件名"文本框中，输入源程序名称，如 c_practice8-2-1，单击 确定 按钮，完成源程序文件的创建。

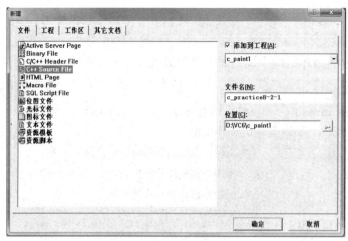

图 8-22　新建文件

（4）编写程序代码

【例 c_practice8-2-1】

```c
#include<graphics.h>
#include<conio.h>
#include<time.h>                //引入包含时间函数的头文件
#define MAX 30                  //定义字符常量 MAX 的值为 30
#define LEFT  106               //j 键的键值是 106
#define RIGHT 108               //l 键的键值是 108
#define UP    105               //i 键的键值是 105
#define DOWN  107               //k 键的键值是 107
/////////////////////////////////////////////////////////////
//定义蛇的结构体
struct Snake{
    int x[MAX];                 //存储表示蛇的每一个小方格左上角的横坐标值
    int y[MAX];                 //存储表示蛇的每一个小方格左上角的纵坐标值
    int dir;                    //蛇的移动方向
    int status;                 //死活状态，1 表示活，0 表示死
    int length;                 //蛇的长度
} snake;                        //创建结构体变量 snake
/////////////////////////////////////////////////////////////
//定义食物结构体
struct Food{
    int x,y;                    //定义填充圆所在方格的左上角点坐标(x,y)
    int r;                      //定义半径
    int status;                 //定义食物的状态，0 表示被吃，1 表示未被吃
} food;                         //定义结构体变量 food
```

```
/////////////////////////////////////////////////////////////////
//画场景的函数
void sence(){
    setcolor(BROWN);                        //设置画线颜色为棕色
    setfillcolor(BROWN);                    //设置填充颜色为棕色
    for(int i=0;i<32;i++){
        fillrectangle(i*20,0,i*20+20,20);       //画出上边一行填充小方块
        fillrectangle(i*20,460,i*20+20,480);   //画出下边一行填充小方块
    }
    for(int j=0;j<24;j++){
        fillrectangle(0,j*20,20,j*20+20);       //画出左边一行填充小方块
        fillrectangle(620,j*20,640,j*20+20);   //画出右边一行填充小方块
    }
}
/////////////////////////////////////////////////////////////////
//画静态蛇的函数
void initsnake(){
    snake.x[0]=16;   // 设定蛇头小方格的左上角的横坐标值为 16（逻辑坐标值）
    snake.y[0]=12;   // 设定蛇头小方格的左上角的纵坐标值为 12（逻辑坐标值）
    snake.x[1]=15;   // 设定蛇身第一个小方格的左上角的横坐标值为 15
    snake.y[1]=12;   // 设定蛇身第一个小方格的左上角的纵坐标值为 12
    snake.x[2]=14;   // 设定蛇身第二个小方格的左上角的横坐标值为 14
    snake.y[2]=12;   // 设定蛇身第二个小方格的左上角的纵坐标值为 12
    snake.dir=1;     //0 表示向左，1 表示向右，2 表示向上，3 表示向下
    snake.status=1;  //1 表示活
    snake.length=3;  //蛇的长度为 3
    setcolor(BLACK);
    setfillcolor(GREEN);                    //填充色为绿色
    for(int i=0;i<snake.length;i++)
        //画出蛇，下面表达式中，乘上 20 是将逻辑坐标转换为客户区坐标
        fillrectangle(snake.x[i]*20,snake.y[i]*20,
                    snake.x[i]*20+20,snake.y[i]*20+20);
}
/////////////////////////////////////////////////////////////////
//蛇移动的函数
void snakemove(){
    int x=snake.x[snake.length-1];          //将蛇尾小方格左上角点横坐标值赋给变量 x
    int y=snake.y[snake.length-1];          //将蛇尾小方格左上角点纵坐标值赋给变量 y
    setfillcolor(BLACK);                    //设填充颜色为黑色
```

```
    fillrectangle(x*20, y*20,x*20+20, y*20+20); //用黑色填充尾部方格及擦除
    /*将蛇身每一小方格向前移一格*/
    for(int i=snake.length-1;i>0;i--){
        snake.x[i]=snake.x[i-1];              //用前面方格的坐标替代后面方格的坐标
        snake.y[i]=snake.y[i-1];
    }
    //根据蛇的移动方向，确定蛇头左上角点的坐标位置
    switch(snake.dir){
        case 0:
            snake.x[0]=snake.x[0]-1;
            break;
        case 1:
            snake.x[0]=snake.x[0]+1;
            break;
        case 2:
            snake.y[0]=snake.y[0]-1;
            break;
        case 3:
            snake.y[0]=snake.y[0]+1;
            break;
    }
    setcolor(BLACK);
    setfillcolor(GREEN);                      //设定填充颜色为绿色
    /*重新画出蛇*/
    for(int j=0; j<snake.length; j++){
        x=snake.x[j];
        y=snake.y[j];
        fillrectangle(x*20, y*20,x*20+20, y*20+20);
    }
}
//////////////////////////////////////////////////////////////////////////////
//改变蛇方向的函数
void changedir(){
    if(kbhit()){                              //当有按键事件发生时，执行 if 结构内的语句
        int key;
        key=getch();                          //获取键值
        switch(key){                          //根据键值来改变方向
            case LEFT:
                //改变方向的条件是蛇不能 180 度回头
                if(snake.dir!=1) snake.dir=0;     //0 表示向左
                break;
```

```
        case RIGHT:
            if(snake.dir!=0) snake.dir=1;        //1 表示向右
            break;
        case UP:
            if(snake.dir!=3) snake.dir=2;        //2 表示向上
            break;
        case DOWN:
            if(snake.dir!=2) snake.dir=3;        //3 表示向下
            break;
        }
    }
}
////////////////////////////////////////////////////////////////////
//产生食物的函数
void producefood(){
    setfillcolor(RED);                //设置填充颜色为红色
    srand(time(NULL));                //根据系统时间初始化随机数发生器
    food.x=rand()%29+1;               //随机产生 0～28，保证横坐标值在场景内
    food.y=rand()%20+1;               //随机产生 0～19，保证纵坐标值在场景内
    food.r=10;                        //原半径为 10 个像素
    food.status=1;                    //设置食物状态为 1
    /*这里要注意 food.x，food.y 表示的是方格的左上角点坐标，而填充圆函数需
        要的参数是圆心坐标，由于半径为 10，因此需要将角点横纵坐标加上 10*/
    fillcircle(20*food.x+10,20*food.y+10,food.r);
}
////////////////////////////////////////////////////////////////////
//吃食物的函数
void eatfood(){
    /*下面的条件是通过判断蛇头小方格左上角点坐标与食物所在小方格左上角点
        坐标相等时，二者重合*/
    if(snake.x[0]==food.x&&snake.y[0]==food.y){
        setfillcolor(BLACK);          //设定填充色为黑色及背景色
        fillcircle(20*food.x+10,20*food.y+10,food.r);  //将食物擦除
        food.status=0;                //设定食物的状态为被吃
    }
}
////////////////////////////////////////////////////////////////////
void main(){
    initgraph(640,480);
    sence();                          //画场景
    initsnake();                      //画静态蛇
```

```
while(1){
    if(food.status!=1)           //如果食物被吃掉，执行 if 下面语句
        producefood();           //产生一个食物
    eatfood();                   //如果满足蛇头与食物完全重合，吃掉食物
    changedir();                 //如果有按 j、i、k、l 键事件产生，改变蛇的方向
    snakemove();                 //沿蛇的移动方向移动一格
    Sleep(500);                  //暂停 500 毫秒
}
getch();
closegraph();
}
///////////////////////////////////////////////////////////////////////////
```

（5）编译程序并运行

编译程序，如果无错误，单击运行，结果如图 8-23 所示。

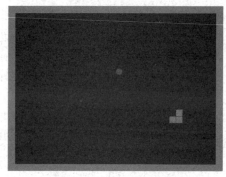

图 8-23　程序运行结果

实践训练

对贪吃蛇游戏进行改进，丰富和完善其功能，效果如图 8-24 所示。

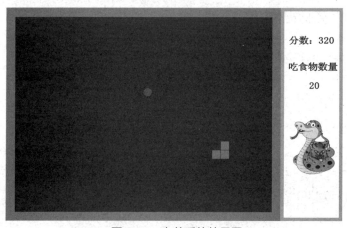

图 8-24　完善后的效果图

① 增加显示面板，主要显示分数和吃食物的数量以及插入图片；

② 增加判断死活的功能，蛇不能碰墙壁，不能碰自己的身体；

③ 蛇吃食物后身体长度增加一节；

④ 蛇和食物换成图片，并且食物的种类可以增多；

⑤ 还可增加不可以食用的物品，蛇一旦食用就死亡。

任务三　小人推箱子游戏

任务说明

小人推箱子游戏也是一款经典的益智游戏，深受大家的喜爱，我们也都非常熟悉。本次任务，我们将使用 C 语言的画图及图形函数实现小人推箱子游戏，一起回忆往日的经典，游戏的效果如图 8-25 所示。

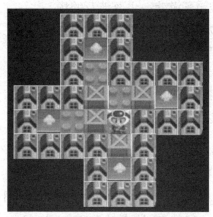

图 8-25　小人推箱子游戏

相关知识

8.4　任意类型数字转换为字符串

```
char *itoa( int value,        //被转换的整数
     char s[ ],               //转换后存储字符串的数组
     int radix               //转换进制数,如十进制、八进制等
);
```

功能：将任意类型的数字转换为字符串，并存储在<stdlib.h>中。

【例 c_task8-3-1】

```
#include <stdlib.h>
#include <stdio.h>
void main(){
    int number = 123456;
```

```
char string[25];
//将变量 number 中的整数 123456 转换成字符串并存入数组 string 中
itoa(number, string, 10);
printf("integer = %d string = %s\n", number, string); //输出到控制台
}
```

程序运行结果如图 8-26 所示。

integer = 123456 string = 123456

图 8-26   程序运行结果

任务实施

（1）任务分析

本次任务是编写小人推箱子游戏，主要涉及的场景有地图、小人和箱子。为了使初学者对程序的编写过程有一个充分的认识和理解，我们将逐步进行分析讲解。

① 图片的存取。游戏中用到的图片如图 8-27 所示，有房屋、箱子、绿地和 4 个方向的小人图片，图片的编号 0～9。

我们在工程文件夹（假设是 Fruit）下建立一个存放图片的子文件夹 images，如图 8-27 所示，读取图片的语句是：loadimage(&img, "images\\pic0.jpg");，这里采用的是相对路径。编写一个函数将图片读入数组。

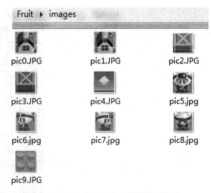

图 8-27   游戏中用到的图片

```
IMAGE img[10];    //定义图像类型数组 img
void loadpic(){
    char dint[3],str[20];   //定义字符串数组 dint 和 str
    for(int i=0;i<10;i++){    //循环读取图片
        //将字符串"images\\pic"复制到数组 str 中
        strcpy(str,"images\\pic");
        //将变量 i 中的整数转换成字符串，并存入数组 dint 中
        itoa(i,dint,10);
        //将变量 dint 中的字符串连接到 str 数组中字符串的尾部
        strcat(str,dint);
        //将字符串".jpg" 连接到 str 数组中字符串的尾部
        strcat(str,".jpg");
        //根据 str 变量中图片存放的路径读取图片，并存入第 i 个数组元素中
        loadimage(&img[i],str);
    }
}
```

我们对上述代码做一个解读，由于 i 是变量，这里的关键是图片路径的拼接，比如 i 为 0 时，我们要构建的路径是"images\\pic0.jpg"，首先将 i 中的整数 0 转换成字符串，并与"images\\pic"字符串连接成"images\\pic0"，再与".jpg"字符串连接成"images\\pic0.jpg"，最后按这个路径将图片读入到 img[0]中，通过循环将 10 张图片读入数组元素中。

② 场景地图的构建。场景地图是由一个个小方块图片拼接而成的，如图 8-28 所示。这里的图片元素有箱子、小人、绿地和目的地图片，我们可以给它们编号，小人——5 号、箱子——2 号、绿地——9 号和目的地——4 号。将图片元素换成编号，如图 8-29 所示。

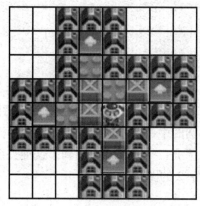

		1	1	1			
		1	4	1			
		1	9	1	1	1	1
1	1	1	2	9	2	4	1
1	4	9	2	5	1	1	1
1	1	1	1	2	1		
			1	4	1		
			1	1	1		

图 8-28　图形元素构成的场景　　　　　图 8-29　图形元素编号表示的场景

根据前面学过的知识，利用二维数组的特性，我们可以用二维数组来保存图形元素在场景中的位置。

```
int map[8][8]= { { 0, 0, 1, 1, 1, 0, 0, 0},
                 { 0, 0, 1, 4, 1, 0, 0, 0},
                 { 0, 0, 1, 9, 1, 1, 1, 1},
                 { 1, 1, 1, 2, 9, 2, 4, 1},
                 { 1, 4, 9, 2, 5, 1, 1, 1},
                 { 1, 1, 1, 1, 2, 1, 0, 0},
                 { 0, 0, 0, 1, 4, 1, 0, 0},
                 { 0, 0, 0, 1, 1, 1, 0, 0}
               };
```

由于这只是其中一关的场景数据，要保存多关，需要用三维数组来保存，这里以两关的数据为例，我们可以定义一个三维数组：

```
int map[2][8][8]={ { { 0, 0, 1, 1, 1, 0, 0, 0},
                     { 0, 0, 1, 4, 1, 0, 0, 0},
                     { 0, 0, 1, 9, 1, 1, 1, 1},
                     { 1, 1, 1, 2, 9, 2, 4, 1},
                     { 1, 4, 9, 2, 5, 1, 1, 1},
                     { 1, 1, 1, 1, 2, 1, 0, 0},
                     { 0, 0, 0, 1, 4, 1, 0, 0},
```

```
                    { 0, 0, 0, 1, 1, 1, 0, 0}
            },
        {   { 0, 0, 1, 1, 1, 1, 0, 0 },
            { 0, 0, 1, 4, 4, 1, 0, 0 },
            { 0, 1, 1, 9, 4, 1, 1, 0 },
            { 0, 1, 9, 9, 2, 4, 1, 0 },
            { 1, 1, 9, 2, 9, 9, 1, 1 },
            { 1, 9, 9, 1, 2, 2, 9, 1 },
            { 1, 9, 9, 5, 9, 9, 9, 1 },
            { 1, 1, 1, 1, 1, 1, 1, 1 }
        }
    };
```

③ 画出场景。在项目四中，我们学习过数组行列下标与屏幕坐标的关系。如图 8-30 所示，假设小方格的边长为 30，图中箭头指向的小圆圈中黑色小方格左上角点的坐标与存放小方格中数值 1 的数组元素 A[4][7]的两个下标关系是(7*30,4*30)。明确了这种关系，我们就可以编写程序，并很容易地画出方格图中的数字 2 的图案。

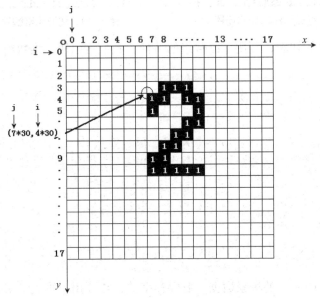

图 8-30　二维数组下标与屏幕坐标的关系示意图

同样，我们利用这种关系来画出场景，编写一个函数画出场景：

```
int map1[8][8],w=0;  //定义整型二维数组 map1 和整型变量 w
void sence(){
    /*通过嵌套循环将第一关的数据从三维数组 map 中复制到二维数组 map1 中*/
    for(int i=0; i<8; i++)
        for(int j=0; j<8; j++)
```

```
            map1[i][j]=map[w][i][j];
/*根据二维数组 map1 中的元素值及元素的横坐标和纵坐标，在指定位置画出图片元素*/
for(int m=0;m<8;m++)          //m 为横坐标
   for(int n=0;n<8;n++){      //n 为纵坐标
     switch(map1[m][n]){      //根据数组元素的值及图片元素的编号画出图像
       case 1:               //1 表示房子
          /*(180,170)是我们确定的坐标原点，(180+n*30,170+m*30)
            是图片的左上角点坐标，30 是方格的边长，img[0]存放的是房
            子图片，putimage( )函数将图片显示在指定位置上*/
          putimage(180+n*30,170+m*30,&img[0]);
          break;
       case 9:
          putimage(180+n*30,170+m*30,&img[9]);
          break;
       case 4:
          putimage(180+n*30,170+m*30,&img[4]);
          break;
       case 2:               //2 表示箱子
          //在场景中暂不画出箱子，而用绿地图片代替
          putimage(180+n*30,170+m*30,&img[9]);
             break;
       case 5:               //5 表示小人
          //在场景中暂不画出小人，而用绿地图片代替
          putimage(180+n*30,170+m*30,&img[9]);
          break;
     }
   }
}
```

在主函数 main 中调用该函数，会画出如下场景，如图 8-31 所示。

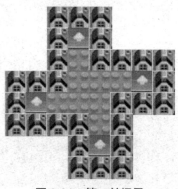

图 8-31　第一关场景

④ 画小人。小人是游戏的主角，涉及位置坐标、人物图片、背景图片和背景图片编号。

步骤 1：构建小人结构体

```
struct man{
    int x,y;                  //人物图片左上角点坐标
    IMAGE img,bimg1;          //存储人物图片变量 img 和背景图片变量 bimg1
    int No;                   //背景图片编号
}man1;                        //定义人物结构体变量 man1
```

步骤 2：人物结构体变量 man1 数据初始化

```
maninit(){
    /*通过嵌套循环，从 map1 中找到小人所在的位置*/
for(int i=0; i<8; i++)
    for(int j=0; j<8; j++)
        if(map1[i][j]==5){
            man1.x=j;         //得到小人的逻辑横坐标
            man1.y=i;         //得到小人的逻辑纵坐标
        }
man1.img=img[5];             //获取小人图片数据
man1.bimg1=img[9];           //获取小人背景图片数据
man1.No=9;                   //得到小人背景图片编号
}
```

步骤 3：画出小人

在 main 函数中，调用 maninit( )函数完成小人数据初始化，并使用 putimage 函数画出小人，完整的程序如【例 c_task8-3-2】所示。

【例 c_task8-3-2】

```
#include<graphics.h>
#include<conio.h>
#include<stdio.h>
struct man{
    int x,y;
    IMAGE img,bimg1;
    int No;
} man1;
int map[2][8][8]={  { { 0, 0, 1, 1, 1, 0, 0, 0},
                      { 0, 0, 1, 4, 1, 0, 0, 0},
                      { 0, 0, 1, 9, 1, 1, 1, 1},
                      { 1, 1, 1, 2, 9, 2, 4, 1},
                      { 1, 4, 9, 2, 5, 1, 1, 1},
```

```
                        { 1, 1, 1, 1, 2, 1, 0, 0},
                        { 0, 0, 0, 1, 4, 1, 0, 0},
                        { 0, 0, 0, 1, 1, 1, 0, 0}
                    },
                    { { 0, 0, 1, 1, 1, 1, 0, 0 },
                        { 0, 0, 1, 4, 4, 1, 0, 0 },
                        { 0, 1, 1, 9, 4, 1, 1, 0 },
                        { 0, 1, 9, 9, 2, 4, 1, 0 },
                        { 1, 1, 9, 2, 9, 9, 1, 1 },
                        { 1, 9, 9, 1, 2, 2, 9, 1 },
                        { 1, 9, 9, 5, 9, 9, 9, 1 },
                        { 1, 1, 1, 1, 1, 1, 1, 1 }
                    }
                };
int map1[8][8],w=0;
IMAGE img[10];
void loadpic(){
    char dint[3],str[20];
    for(int i=0;i<10;i++){
        strcpy(str,"images\\pic");
        itoa(i,dint,10);
        strcat(str,dint);
        strcat(str,".jpg");
        loadimage(&img[i],str);
    }
}
void sence(){
    for(int i=0; i<8; i++)
        for(int j=0; j<8; j++)
            map1[i][j]=map[w][i][j];
    for(int m=0;m<8;m++)
        for(int n=0;n<8;n++){
            switch(map1[m][n]){
                case 1:
                    putimage(180+n*30,170+m*30,&img[0]);
                    break;
                case 9:
                    putimage(180+n*30,170+m*30,&img[9]);
                    break;
```

```
            case 4:
                putimage(180+n*30,170+m*30,&img[4]);
                break;
            case 2:
                putimage(180+n*30,170+m*30,&img[9]);
                break;
            case 5:
                putimage(180+n*30,170+m*30,&img[9]);
                break;
        }
    }
}
void maninit(){
for(int i=0; i<8; i++)
    for(int j=0; j<8; j++)
        if(map1[i][j]==5){
            man1.x=j;                //得到小人的逻辑横坐标
            man1.y=i;                //得到小人的逻辑纵坐标
        }
man1.img=img[5];
man1.bimg1=img[9];
man1.No=9;
}
void main(){
    initgraph(600,600);
    loadpic();                   //读取图片
    sence();                     //画场景
    maninit();                   //小人数据初始化
    /*画出小人本来是不需要循环的，由于后续小人会移动，所以就需要画出"暂停—擦除"
     循环往复的操作来实现动画效果*/
    while(1){
        //在指定位置画出小人
        putimage(180+man1.x*30,170+man1.y*30,&man1.img);
        Sleep(60);               //暂停 60 毫秒
        //在当前位置用背景图片覆盖小人图片
        putimage(180+man1.x*30,170+man1.y*30,&man1.bimg1);
    }
    getch();
    closegraph();
}
```

程序运行结果如图 8-32 所示。

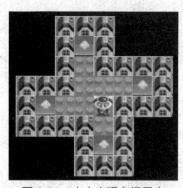

图 8-32 小人出现在场景中

⑤ 画出箱子。箱子涉及位置坐标、人物图片、背景图片和背景图片编号，个数是 4 个，程序较小人要复杂些。

步骤 1：构建箱子结构体

```
struct Box{
    int x,y;                    //箱子图片左上角点坐标
    IMAGE img,bimg1;            //存储箱子图片变量 img 和背景图片变量 bimg1
    int No;                     //背景图片编号
} box[4];  定义箱子结构体数组 box[4]
```

步骤 2：箱子结构体数组 box[4]元素数据的初始化

```
/*通过嵌套循环，从 map1 中找到箱子所在的位置*/
void boxinit(){
int n=0;
for(int i=0; i<8; i++)
    for(int j=0; j<8; j++)
        if(map1[i][j]==2){
            box[n].x=j;               //得到箱子的逻辑横坐标
            box[n].y=i;               //得到箱子的逻辑纵坐标
            box[n].img=img[2];        //获取箱子图片数据
            box[n].bimg1=img[9];      //获取箱子图片数据
            box[n].No=9;              //得到箱子背景图片编号
            n++;                      //由于有 4 个箱子，n 取 0~3
        }
}
```

步骤 3：画出箱子

在 main 函数中，调用 boxinit()函数完成箱子数据初始化，并使用 putimage()函数画出箱子。由于有 4 个箱子，可使用循环结构来完成，局部程序如下：

```
while(1){
    //在指定位置画出箱子
```

```
for(int n=0;n<4;n++)
    putimage(180+box[n].x*30,170+box[n].y*30,&box[n].img);
//在指定位置画出小人
putimage(180+man1.x*30,170+man1.y*30,&man1.img);
Sleep(60);                    //暂停60毫秒
//在当前位置用背景图片覆盖箱子图片
for(int m=0;m<4;m++)
    putimage(180+box[m].x*30,170+box[m].y*30,&box[m].bimg1);
//在当前位置用背景图片覆盖小人图片
putimage(180+man1.x*30,170+man1.y*30,&man1.bimg1);
}
```

⑥ 人和箱子的移动。在玩家通过键盘控制小人推箱子的过程中，需要按游戏规则进行判断是否响应该按键的指示。下面分析一下小人会遇到的几种情况，以便归纳出所有的规则和对应算法。为了描述方便，假设小人移动趋势的方向为右，其他方向原理是一致的。P1、P2 分别代表小人移动趋势方向前的两个方格，如图 8-33 所示。

图 8-33　小人向右移动示意图

第一种情况：前方 P1 是围墙，小人不能移动；

第二种情况：前方 P1 是通道（绿地）或目的地，小人可以移动；

第三种情况：前方 P1 是箱子，如果 P2 是通道（绿地）或目的地，小人可以移动，箱子也同时向右移动；

第四种情况：前方 P1 是箱子，如果 P2 是围墙，小人不可以移动。

向右移动的函数代码如下：

```
/*根据移动条件修改当前地图数据和小人的相关数据*/
void manmoveright(){
    if(map1[man1.y][man1.x+1]==9){        //如果 P1 位置是绿地
        map1[man1.y][man1.x+1]=5;         //将 P1 位置的编号改为 5
        map1[man1.y][man1.x]=man1.No;     //将小人移动之前的位置编号改成背景编号
        man1.img=img[7];                  //将小人图片改成向右方向的图片
        man1.bimg1=img[9];                //获得小人当前的背景图片，绿地
        man1.No=9;                        //获得背景编号
        man1.x=man1.x+1;                  //小人的横坐标加 1
    }else if(map1[man1.y][man1.x+1]==4){  //如果 P1 位置是目的地
        map1[man1.y][man1.x+1]=5;         //将 P1 位置的编号改为 5
        map1[man1.y][man1.x]=man1.No;     //将小人移动之前的位置编号改成背景编号
        man1.img=img[7];                  //将小人图片改成向右方向的图片
        man1.bimg1=img[4];                //获得小人当前的背景图片，目的地
        man1.No=4;                        //获得背景编号
        man1.x=man1.x+1;                  //小人的横坐标加 1
```

```
/*如果 P1 是箱子，同时 P2 是绿地*/
}else if(map1[man1.y][man1.x+1]==2&&map1[man1.y][man1.x+2]==9){
    map1[man1.y][man1.x+1]=5;              //将 P1 位置的编号改为 5
    map1[man1.y][man1.x+2]=2;              //将 P2 位置的编号改为 2
    map1[man1.y][man1.x]=man1.No;          //将小人移动之前的位置编号改成背景编号
    man1.img=img[7];                        //将小人图片改成向右方向的图片
    /*通过循环找到 P1 位置上的箱子*/
    for(int i=0;i<4;i++){
        //满足下列条件的是在 P1 位置上的箱子
        if(box[i].x==man1.x+1&&box[i].y==man1.y){
            man1.bimg1=box[i].bimg1;  //小人的背景图片用箱子的背景图片取代
            //小人的背景图片编号用箱子的背景图片编号取代
            man1.No=box[i].No;
            box[i].bimg1=img[9];          //将箱子的背景图片改为绿地
            box[i].No=9;                   //将箱子的位置编号改成背景编号
            box[i].x=box[i].x+1;           //箱子的横坐标加 1
        }
    }
    man1.x=man1.x+1;                        //小人的横坐标加 1
/*如果 P1 是箱子，同时 P2 是目的地*/
}else if(map1[man1.y][man1.x+1]==2&&map1[man1.y][man1.x+2]==4){
    map1[man1.y][man1.x+1]=5;              //将 P1 位置的编号改为 5
    map1[man1.y][man1.x+2]=2;              //将 P2 位置的编号改为 2
    map1[man1.y][man1.x]=man1.No;          //将小人移动之前的位置编号改成背景编号
    man1.img=img[7];                        //将小人图片改成向右方向的图片
    /*通过循环找到 P1 位置上的箱子*/
    for(int i=0;i<4;i++){
        //满足下列条件的是在 P1 位置上的箱子
        if(box[i].x==man1.x+1&&box[i].y==man1.y){
            man1.bimg1=box[i].bimg1;  //小人的背景图片用箱子的背景图片取代
            //小人的背景图片编号用箱子的背景图片编号取代
            man1.No=box[i].No;
            box[i].bimg1=img[4];          //将箱子的背景图片改为目的地图片
            box[i].No=4;                   //将箱子的位置编号改成背景编号
            box[i].x=box[i].x+1;           //箱子的横坐标加 1
        }
    }
    man1.x=man1.x+1;                        //小人的横坐标加 1
}
}
```

⑦ 玩家通过键盘控制小人移动。我们用 j 键控制向左移，l 键控制向右移，i 键控制向上移，k 键控制向下移，用一个函数来实现。

```
#define LEFT  106              //j 键的键值是 106
#define RIGHT 108              //l 键的键值是 108
#define UP    105              //i 键的键值是 105
#define DOWN  107              //k 键的键值是 107
void manmove(){
    int key=0;
    if(kbhit()){               //判断是否有按键事件发生，有就做以下操作
        key=getch();           //获取键值
        switch(key){           //根据键值做如下对应操作
            case LEFT:
                manmoveleft();  //如果按的是 j 键，小人向左移
                break;
            case RIGHT:
                manmoveright(); //如果按的是 l 键，小人向右移
                break;
            case UP:
                manmoveup();    //如果按的是 i 键，小人向上移
                break;
            case DOWN:
                manmovedown();  //如果按的是 k 键，小人向下移
                break;
        }
    }
}
```

⑧ 玩家获胜的判断。游戏中，玩家将所有箱子推到目的地，完成游戏规定的任务，表明胜利过关。我们定义一个函数来完成该功能。

```
int judge(){
    for(int i=0;i<4;i++){
        if(box[i].No!=4)        //判断是否有箱子不在目的地
            return 0;           //返回 0
    }
    return 1;                   //如果所有箱子都在目的地，返回 1
}
```

（2）创建工程

打开 VC6.0 集成开发环境，选择 "文件" → "新建" 菜单命令，打开 "新建" 对话框，如图 8-34 所示。在工程列表中，选择 Win32 Console Application。在 "工程名称" 文本框

中，输入新工程的名称，如 "c_paint1"，单击 确定 按钮，完成工程的创建。当然也不是每一次都需要创建工程，如果在原有的工程中创建源程序文件，则只需要打开原有工程。

图 8-34　新建工程

（3）创建源程序文件

选择 "文件"→"新建" 菜单命令，打开 "新建" 对话框，如图 8-35 所示。在文件列表中，选择 C++ Source File，在 "文件名" 文本框中，输入源程序名称，如 c_practice8-3-1，单击 确定 按钮，完成源程序文件的创建。

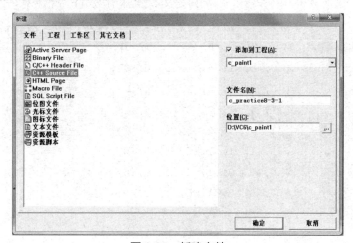

图 8-35　新建文件

（4）编写程序代码

在代码编辑区键入以下代码：

【例 c_practice8-3-1】

```
#include<graphics.h>
#include<conio.h>
#include<stdio.h>
#define LEFT 106                       // j 键的键值 106
```

```
#define RIGHT 108              // l 键的键值是 108
#define UP 105                 // i 键的键值是 105
#define DOWN 107               // k 键的键值是 107
#define CONTIUE 99             // c 键的键值是 99
#define END 101                // e 键的键值是 101
////////////////////////////////////////////////////////////
//定义人物结构体及变量
struct man{
    int x,y;                   //人物图片左上角点坐标
    IMAGE img,bimg1;           //存储人物图片变量 img 和背景图片变量 bimg1
    int No;                    //背景图片编号
}man1;                         //定义人物结构体变量 man1
////////////////////////////////////////////////////////////
//定义箱子结构体及变量
struct Box{
    int x,y;                   //箱子图片左上角点坐标
    IMAGE img,bimg1;           //存储箱子图片变量 img 和背景图片变量 bimg1
    int No;                    //背景图片编号
} box[4];                      //定义箱子结构体数组 box[4]
////////////////////////////////////////////////////////////
int map[2][8][8]={ { { 0, 0, 1, 1, 1, 0, 0, 0},
                     { 0, 0, 1, 4, 1, 0, 0, 0},
                     { 0, 0, 1, 9, 1, 1, 1, 1},
                     { 1, 1, 1, 2, 9, 2, 4, 1},
                     { 1, 4, 9, 2, 5, 1, 1, 1},
                     { 1, 1, 1, 1, 2, 1, 0, 0},
                     { 0, 0, 0, 1, 4, 1, 0, 0},
                     { 0, 0, 0, 1, 1, 1, 0, 0}
                   },
                   { { 0, 0, 1, 1, 1, 1, 0, 0 },
                     { 0, 0, 1, 4, 4, 1, 0, 0 },
                     { 0, 1, 1, 9, 4, 1, 1, 0 },
                     { 0, 1, 9, 9, 2, 4, 1, 0 },
                     { 1, 1, 9, 2, 9, 9, 1, 1 },
                     { 1, 9, 9, 1, 2, 2, 9, 1 },
                     { 1, 9, 9, 5, 9, 9, 9, 1 },
                     { 1, 1, 1, 1, 1, 1, 1, 1 }
                   }
                 };
```

```
/////////////////////////////////////////////////////////////////////////
int map1[8][8],w=0;                //定义存放当前地图的数组 map1 和整型变量 w
IMAGE img[10];                     //定义存放图片的数组 img
//读取场景中使用的图片
void loadpic(){
    char dint[3],str[20];
    for(int i=0;i<10;i++){
        strcpy(str,"images\\pic");
        itoa(i,dint,10);
        strcat(str,dint);
        strcat(str,".jpg");
        loadimage(&img[i],str);
    }
}
/////////////////////////////////////////////////////////////////////////
//画出场景
void sence(){
    for(int i=0; i<8; i++)
        for(int j=0; j<8; j++)
            map1[i][j]=map[w][i][j];
    for(int m=0;m<8;m++)
        for(int n=0;n<8;n++){
            switch(map1[m][n]){
                case 1:
                    putimage(180+n*30,170+m*30,&img[0]);
                    break;
                case 9:
                    putimage(180+n*30,170+m*30,&img[9]);
                    break;
                case 4:
                    putimage(180+n*30,170+m*30,&img[4]);
                    break;
                case 2:
                    putimage(180+n*30,170+m*30,&img[9]);
                    break;
                case 5:
                    putimage(180+n*30,170+m*30,&img[9]);
                    break;
```

```
        }
    }
}
/////////////////////////////////////////////////////////////////
//小人数据初始化
void maninit(){
    for(int i=0; i<8; i++)
        for(int j=0; j<8; j++)
            if(map1[i][j]==5){
                man1.x=j;
                man1.y=i;
            }
    man1.img=img[5];
    man1.bimg1=img[9];
    man1.No=9;
}
/////////////////////////////////////////////////////////////////
//箱子数据初始化
void boxinit(){
    int n=0;
    for(int i=0; i<8; i++)
        for(int j=0; j<8; j++)
            if(map1[i][j]==2){
                box[n].x=j;
                box[n].y=i;
                box[n].img=img[2];
                box[n].bimg1=img[9];
                box[n].No=9;
                n++;
            }
}
/////////////////////////////////////////////////////////////////
//小人向左移动
void manmoveleft(){
    if(map1[man1.y][man1.x-1]==9){
        map1[man1.y][man1.x-1]=5;
        map1[man1.y][man1.x]=man1.No;
        man1.x=man1.x-1;
        man1.img=img[6];
```

```
        man1.bimg1=img[9];

        man1.No=9;

    }else if(map1[man1.y][man1.x-1]==4){

        map1[man1.y][man1.x-1]=5;

        map1[man1.y][man1.x]=man1.No;

        man1.x=man1.x-1;

        man1.img=img[6];

        man1.bimg1=img[4];

        man1.No=4;

    }else if(map1[man1.y][man1.x-1]==2&&map1[man1.y][man1.x-2]==9){

        map1[man1.y][man1.x-1]=5;

        map1[man1.y][man1.x-2]=2;

        map1[man1.y][man1.x]=man1.No;

        man1.x=man1.x-1;

        man1.img=img[6];

        for(int i=0;i<4;i++)

            if(box[i].x==man1.x&&box[i].y==man1.y){

                man1.bimg1=box[i].bimg1;

                man1.No=box[i].No;

                box[i].x=box[i].x-1;

                box[i].bimg1=img[9];

                box[i].No=9;

            }

    }else if(map1[man1.y][man1.x-1]==2&&map1[man1.y][man1.x-2]==4){

        map1[man1.y][man1.x-1]=5;

        map1[man1.y][man1.x-2]=2;

        map1[man1.y][man1.x]=man1.No;

        man1.x=man1.x-1;

        man1.img=img[6];

        for(int i=0;i<4;i++)

            if(box[i].x==man1.x&&box[i].y==man1.y){

                man1.bimg1=box[i].bimg1;

                man1.No=box[i].No;

                box[i].x=box[i].x-1;

                box[i].bimg1=img[4];

                box[i].No=4;

            }

    }

}
```

```
/////////////////////////////////////////////////////////////////////
//小人向右移动
void manmoveright(){
    if(map1[man1.y][man1.x+1]==9){
        map1[man1.y][man1.x+1]=5;
        map1[man1.y][man1.x]=man1.No;
        man1.img=img[7];
        man1.bimg1=img[9];
        man1.No=9;
        man1.x=man1.x+1;
    }else if(map1[man1.y][man1.x+1]==4){
        map1[man1.y][man1.x+1]=5;
        map1[man1.y][man1.x]=man1.No;
        man1.img=img[7];
        man1.bimg1=img[4];
        man1.No=4;
        man1.x=man1.x+1;
    }else if(map1[man1.y][man1.x+1]==2&&map1[man1.y][man1.x+2]==9){
        map1[man1.y][man1.x+1]=5;
        map1[man1.y][man1.x]=man1.No;
        map1[man1.y][man1.x+2]=2;
        man1.img=img[7];
        for(int i=0;i<4;i++){
            if(box[i].x==man1.x+1&&box[i].y==man1.y){
                man1.bimg1=box[i].bimg1;
                man1.No=box[i].No;
                box[i].bimg1=img[9];
                box[i].No=9;
                box[i].x=box[i].x+1;
            }
        }
        man1.x=man1.x+1;
    }else if(map1[man1.y][man1.x+1]==2&&map1[man1.y][man1.x+2]==4){
        map1[man1.y][man1.x+1]=5;
        map1[man1.y][man1.x+2]=2;
        map1[man1.y][man1.x]=man1.No;
        man1.img=img[7];
        for(int i=0;i<4;i++){
            if(box[i].x==man1.x+1&&box[i].y==man1.y){
```

```
                man1.bimg1=box[i].bimg1;
                man1.No=box[i].No;
                box[i].bimg1=img[4];
                box[i].No=4;
                box[i].x=box[i].x+1;
            }
        }
        man1.x=man1.x+1;
    }
}
/////////////////////////////////////////////////////////////////////////
//小人向上移动
void manmoveup(){
    if(map1[man1.y-1][man1.x]==9){
        map1[man1.y-1][man1.x]=5;
        map1[man1.y][man1.x]=man1.No;
        man1.img=img[8];
        man1.bimg1=img[9];
        man1.No=9;
        man1.y=man1.y-1;
    }else if(map1[man1.y-1][man1.x]==4){
        map1[man1.y-1][man1.x]=5;
        map1[man1.y][man1.x]=man1.No;
        man1.img=img[8];
        man1.bimg1=img[4];
        man1.No=4;
        man1.y=man1.y-1;
    }else if(map1[man1.y-1][man1.x]==2&&map1[man1.y-2][man1.x]==9){
        map1[man1.y-1][man1.x]=5;
        map1[man1.y-2][man1.x]=2;
        map1[man1.y][man1.x]=man1.No;
        man1.img=img[8];
        for(int i=0;i<4;i++){
            if(box[i].x==man1.x&&box[i].y==man1.y-1){
                man1.bimg1=box[i].bimg1;
                man1.No=box[i].No;
                box[i].bimg1=img[9];
                box[i].No=9;
                box[i].y=box[i].y-1;
            }
```

```
        }
        man1.y=man1.y-1;
    }else if(map1[man1.y-1][man1.x]==2&&map1[man1.y-2][man1.x]==4){
        map1[man1.y-1][man1.x]=5;
        map1[man1.y-2][man1.x]=2;
        map1[man1.y][man1.x]=man1.No;
        man1.img=img[8];
        for(int i=0;i<4;i++){
            if(box[i].x==man1.x&&box[i].y==man1.y-1){
                man1.bimg1=box[i].bimg1;
                man1.No=box[i].No;
                box[i].bimg1=img[4];
                box[i].No=4;
                box[i].y=box[i].y-1;
            }
        }
        man1.y=man1.y-1;
    }
}
/////////////////////////////////////////////////////////////////////////////////
//小人向下移动
void manmovedown(){
    if(map1[man1.y+1][man1.x]==9){
        map1[man1.y+1][man1.x]=5;
        map1[man1.y][man1.x]=man1.No;
        man1.img=img[5];
        man1.bimg1=img[9];
        man1.No=9;
        man1.y=man1.y+1;
    }else if(map1[man1.y+1][man1.x]==4){
        map1[man1.y+1][man1.x]=5;
        map1[man1.y][man1.x]=man1.No;
        man1.img=img[5];
        man1.bimg1=img[4];
        man1.No=4;
        man1.y=man1.y+1;
    }else if(map1[man1.y+1][man1.x]==2&&map1[man1.y+2][man1.x]==9){
        map1[man1.y+1][man1.x]=5;
        map1[man1.y+2][man1.x]=2;
        map1[man1.y][man1.x]=man1.No;
```

```c
    man1.img=img[5];
    for(int i=0;i<4;i++){
        if(box[i].x==man1.x&&box[i].y==man1.y+1){
            man1.bimg1=box[i].bimg1;
            man1.No=box[i].No;
            box[i].bimg1=img[9];
            box[i].No=9;
            box[i].y=box[i].y+1;
        }
    }
    man1.y=man1.y+1;
}else if(map1[man1.y+1][man1.x]==2&&map1[man1.y+2][man1.x]==4){
    map1[man1.y+1][man1.x]=5;
    map1[man1.y+2][man1.x]=2;
    map1[man1.y][man1.x]=man1.No;
    man1.img=img[5];
    for(int i=0;i<4;i++){
        if(box[i].x==man1.x&&box[i].y==man1.y+1){
            man1.bimg1=box[i].bimg1;
            man1.No=box[i].No;
            box[i].bimg1=img[4];
            box[i].No=4;
            box[i].y=box[i].y+1;
        }
    }
    man1.y=man1.y+1;
    }
}
/////////////////////////////////////////////////////////////////////
//玩家通过键盘控制小人移动
void manmove(){
    int key=0;
    if(kbhit()){
        key=getch();
        switch(key){
            case LEFT:
                manmoveleft();
                break;
            case RIGHT:
                manmoveright();
```

```
            break;
        case UP:
            manmoveup();
            break;
        case DOWN:
            manmovedown();
            break;
        }
    }
}
/////////////////////////////////////////////////////////////////
//玩家获胜的判断
int judge(){
    for(int i=0;i<4;i++){
        if(box[i].No!=4)
            return 0;
    }
    return 1;
}
/////////////////////////////////////////////////////////////////
//主函数
void main(){
    initgraph(600,600);
    loadpic();
    sence();
    maninit();
    boxinit();
    while(1){
        if(judge()){                        //判断是否过关了
            settextstyle(30,30,"宋体");       //设置字体和大小
            outtextxy(50,50," 你过关了！");     //在指定位置显示文字
            settextstyle(20,20,"宋体");       //设置字体和大小
            outtextxy(50,100," 按 e 键结束, 按 c 键继续！");  //在指定位置显示文字
            int key;
            key=getch();                    //获取键值
            if(key==END) break;             //按 e 键结束
            else if(key==CONTIUE){          //按 c 键继续，并初始化
                cleardevice();
                w++;
                sence();
```

```
        maninit();
        boxinit();
    }
}
manmove();                          //通过键盘控制小人的移动
//画出小人和箱子
for(int n=0;n<4;n++)
    putimage(180+box[n].x*30,170+box[n].y*30,&box[n].img);
putimage(180+man1.x*30,170+man1.y*30,&man1.img);
Sleep(60);
for(int m=0;m<4;m++)
    putimage(180+box[m].x*30,170+box[m].y*30,&box[m].bimg1);
putimage(180+man1.x*30,170+man1.y*30,&man1.bimg1);
}
getch();
closegraph();
}
```

（5）编译程序并运行

编译程序，如果无错误，单击运行，结果如图 8-36 所示。

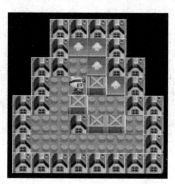

图 8-36　程序运行结果

实践训练

（1）修改以上游戏程序，增加场景地图的数量，实现过关后的计分功能，以及过关后的胜利画面。

（2）当箱子推到目的地时，将箱子的图片更换成如图 8-37 所示的图片。

图 8-37　图片更换示意图

扫一扫在线测

项目 九 项目综合实践

学习目标

- 掌握编写程序的方法和技巧
- 掌握编写程序的思想
- 提升编写程序的综合能力

项目描述

本项目的目的是在前面项目的基础上，巩固、加强编写程序解决问题的技巧和方法，进一步提升综合编写程序的能力。

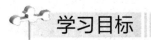 打豆豆游戏

任务说明

本次任务，要求使用 C 语言的画图或图形函数实现打豆豆的游戏，玩家可以通过键盘控制发射台左右移动，瞄准目标，发射子弹射击目标。效果如图 9-1 所示。

图 9-1　打豆豆游戏示意图

任务实施

打豆豆游戏，主要涉及场景绘制、发射台的绘制及左右移动、发射及子弹的移动、子

弹击中豆豆等。

（1）场景的绘制

场景绘制较为简单，我们可以编写一个函数，比如 sence( )来完成。其中要使用二维数组来存放豆豆的位置地图，1 表示该位置有豆豆，0 表示该位置无豆豆，数组可以定义如下：

```
int map[10][20]={  {1,0,1,0,1,0,1,0,1,0,1,0,1,0,1,0},
                   {0,0,0,0,0,0,0,0,0,0,0,0,0,0,0,0},
                   {1,0,1,0,1,0,1,0,1,0,1,0,1,0,1,0},
                   {0,0,0,0,0,0,0,0,0,0,0,0,0,0,0,0},
                   {1,0,1,0,1,0,1,0,1,0,1,0,1,0,1,0},
                   {0,0,0,0,0,0,0,0,0,0,0,0,0,0,0,0},
                   {1,0,1,0,1,0,1,0,1,0,1,0,1,0,1,0},
                   {0,0,0,0,0,0,0,0,0,0,0,0,0,0,0,0},
                 };
```

如何将地图中的豆豆画出，涉及数组下标到屏幕坐标的转换，请大家参考项目四的相关内容。

（2）发射台结构体的构建

由于发射台涉及位置坐标、移动位移量和半径，我们可以定义一个结构体来表示发射台的数据结构：

```
struct Cannon{            //控制台结构体的名称为 Cannon
    int x,y,r;            //控制台圆心坐标为(x,y)，半径为 r
    int c,Vx;             //控制台的填充颜色为 c，位移量为 Vx
}cannon;                  //定义结构体变量为 cannon
```

（3）发射台结构体变量的初始化

编写一个函数 initcannon( )来完成数据的初始化，就是将 cannon 的成员变量(x,y,r,c,Vx)赋予初值。

（4）发射台的绘制和擦除

编写一个函数 drawcannon( )来完成，可使用 fillcircle( )函数画填充圆，使用 fillrectangle( )函数画填充矩形，如图 9-2 所示。

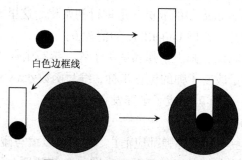

白色边框线

图 9-2　发射台绘制过程示意图

由于发射台会发生移动，为了产生动画效果，我们需要编写一个函数 erasecannon( )来擦除控制台，代码与 drawcannon( )基本一样，只是颜色设为背景色白色。

（5）发射台的移动

玩家通过键盘控制发射台的左右移动，这里假设按 j（106）键控制发射台向左移动，按 l（108）键控制发射台向右移动。编写函数 cannonmove( )来完成该功能，其中的关键环节，一是通过函数 kbhit( )判断是否有按键事件发生；二是使用函数 getch( )得到键值，如果按 j 键，将发射台的圆心横坐标减少一个位移量；如果按 l 键，将发射台的圆心横坐标增加一个位移量，表达式如下：

cannon.x=cannon.x-cannon.Vx

cannon.x=cannon.x+cannon.Vx

要实现发射台在游戏中左右移动的动画效果，需要在 main( )函数中构建一个循环结构，如下列代码段：

```
While(1){
    cannonmove();        //如果按了 j 键或 l 键就改变左或右的位移量
    drawcannon();        //画出发射台
    Sleep(100);          //暂停 100 毫秒
    erasecannon();       //擦除发射台
}
```

（6）发射台发射子弹

玩家通过控制键盘发射子弹，比如按 i 键（105）发射，为了实现该功能，首先要设计子弹结构，这里设计子弹结构如下：

```
struct Bullet{           //结构体名为 Bullet
    int x,y;             //子弹的圆心坐标(x,y)
    int Vy;              //子弹 y 方向的位移
    int r,c;             //子弹的半径 r 和画图颜色 c
    int flag;            //子弹存活的标志，1 表示存活，0 表示消亡
}bullet;                 //定义一个子弹变量 bullet
```

当按下 i 键时，发射子弹，对于键盘按键处理，我们可以放在函数 cannonmove( )中与发射台的移动一起来处理；对于发射子弹，可以设计一个函数 shoot( )来完成。在函数中，构建一个子弹就是对数组 bullet 中的成员变量进行初始化。这里要注意，发射子弹的前提是先前发射出的子弹已经消亡，即 bullet.flag 的值为 0。

接下来要考虑子弹的移动，画出子弹和擦除子弹，编写函数 bulletmove( )来完成炮弹移动，移动就是使用位移量改变子弹的位置坐标，编写函数 drawbullet( )画出子弹，编写函数 erasebullet( )擦除子弹，这样就完成了子弹发射的设计。

（7）子弹击中豆豆的处理

当子弹击中豆豆时，豆豆和子弹弹都应消亡，我们可以编写碰撞函数 collision( )来完成该功能。主要考虑的是二者碰撞的条件问题，由图 9-3 来说明一下，子弹与豆豆的碰撞条件是：

x+20>x1&&x1+4>x&&y+10>y1&&y1+4>y

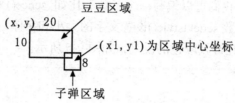

图 9-3 子弹与豆豆碰撞的示意图

由于豆豆有多个，所以应使用循环来检测每一个豆豆与子弹是否有碰撞，通过循环的下标来遍历每一个豆豆，如果击中，就擦除豆豆，并将子弹的 flag 标志置为 0，表示消亡。

实践训练

根据以上任务分析，完成游戏代码的编写。

任务二 打气球游戏

任务说明

本次任务，要求使用 C 语言的画图或图形函数实现小炮打气球的游戏，玩家可以通过键盘控制小炮向左或向右改变方向，瞄准目标，发射炮弹射击目标，击中后加分等。效果如图 9-4 所示。

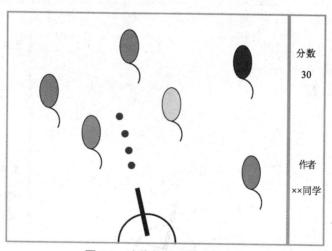

图 9-4 小炮打气球游戏示意图

任务实施

小炮打气球游戏，主要涉及场景绘制（包括文字显示）、小炮的绘制及炮筒方向的改变、发炮及炮弹的绘制与移动、气球的产生绘制与移动、分数的计算和显示等。

（1）场景的绘制

场景绘制较为简单，我们可以编写一个函数，比如 sence()来完成。其中要使用函数 rectangle()画矩形，使用函数 settextstyle()设置文字的大小和字体，使用函数 outtextxy()在指定的位置显示文字，当然还涉及颜色的设置，如图 9-5 所示。

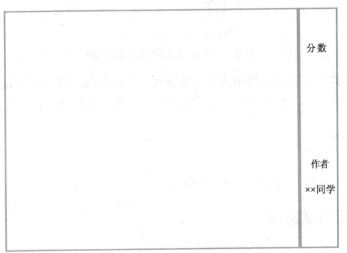

图 9-5　场景示意图

（2）小炮的绘制

编写一个函数 cannon( )来完成，其中使用 pie( )函数绘制扇形，使用 line( )函数画炮筒，这里还涉及线型和颜色设置，可用 setlinestyle( )函数设置线型，如图 9-6 所示。

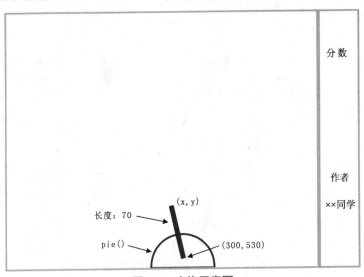

图 9-6　小炮示意图

炮筒是用一截线段来表示的，需要知道两个端点的坐标。从图 9-6 可看出，一个端点是固定的，坐标假设是(300,530)，由于在游戏中炮筒是会旋转的，因此另一端点的坐标是变化的，假设为(x,y)。要绘制炮筒，计算坐标(x,y)是问题的关键。我们通过图 9-7 来说明。图中 α 是炮筒与水平线的夹角，逆时针方向为正向。显然 $h=70 \times \sin\alpha$，$w=70 \times \cos\alpha$，如此可知：

$$x=300+w=300+70×\cos α（这里 α 是弧度）$$
$$y=530-h=530-70×\sin α（这里 α 是弧度）$$

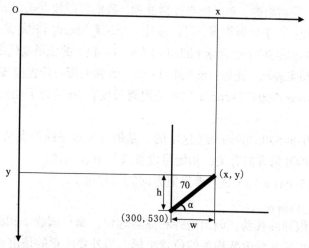

图 9-7 炮口端点坐标(x,y)的计算示意图

由于炮筒可以旋转，为了实现动画效果，需要不断地擦除原图形，在新的位置画出新图形，这样就可以显示炮筒动态旋转的动画效果。为此，我们编写一个擦除小炮的函数 erasecannon()，这个函数的代码与函数 cannon( )非常类似，唯独不同的是颜色设置成背景色。

（3）小炮的旋转

玩家通过键盘控制小炮的旋转，这里假设按 j（106）键控制小炮向左旋转，按 l（108）键控制小炮向右旋转。编写函数 cannonrotate( )来完成该功能，其中的关键环节，一是通过函数 kbhit( )判断是否有按键事件发生；二是使用函数 getch( )得到键值，如果按 j 键，角度增加 15 度；如果按 l 键，角度减少 15 度。

小炮在游戏中的局部结构是在 main( )函数中构建一个循环结构，如下列代码段：

```
While(1){
    cannonrotate( );        //如果按了 j 键或 l 键就改变小炮的角度
    cannon( );              //画出小炮
    Sleep(200);             //暂停 200 毫秒
    erasecannon();          //擦除小炮
}
```

（4）小炮发炮

玩家通过控制键盘发射炮弹，比如按 i 键（105）发射，为了实现该功能，首先要设计炮弹结构，这里设计炮弹结构如下：

```
struct Bullet{             //结构体名为 Bullet
    int x,y;               //炮弹的圆心坐标
    double Vx,Vy;          //炮弹的 x 方向的位移和 y 方向的位移
```

```
   int r,c;                      //炮弹的半径 r 和画图颜色 c
   int flag;                     //炮弹存活的标志，1 表示存活，0 表示消亡
}bullet[50];                     //定义一个炮弹结构体数组，这是由于可能要发射多发炮弹
```

当按下 i 键时，发射炮弹，对于键盘按键处理，我们可以放在函数 cannonrotate( )中与小炮的旋转一起来处理；对于发射炮弹，可以设计一个函数 shoot( )来完成。在函数中，构建一个炮弹就是对数组 bullet[50]中的元素 bullet[w]（w=0～49）的成员变量赋初值，这里的炮弹用一个填充的实心圆来表示，比如：bullet[w].r=2;，炮弹的圆心位置应该在炮口处，为此有：

bullet[w].x=300+w=300+76×cos α（70 是炮筒长度，76 是为了使计算的位置在炮口前面而设定的数值）

bullet[w].y=530-h=530-76×sin α（这里的 α 是炮筒与水平线的夹角）

位移量与炮筒的发射方向有关，初始可设置成如下表达式：

bullet[w].Vx=15×cos α（15 是沿着发射方向的位移量）

bullet[w].Vy=15×sin α

接下来要考虑炮弹的移动，画出炮弹和擦除炮弹，编写函数 bulletmove( )来完成炮弹移动，移动就是使用位移量改变炮弹的位置坐标。另外要注意的是由于有多发炮弹，我们需要使用循环结构对每一发存活的炮弹进行处理。编写函数 drawbullet( )画出炮弹，当然是存活的每一发炮弹；编写函数 erasebullet( )擦除炮弹，这样就完成了炮弹发射的设计。

（5）上升的气球

① 首先应该设计气球结构：

```
struct Balloon{                  //结构体名为 Balloon
   int x,y,c;                    //椭圆外切矩形的左上角点的坐标(x,y)，颜色 c
   int v;                        //气球上升的位移量
   int flag;                     //气球存活的标志，0 表示存活，1 表示消亡
}balloon[30];                    //定义一个气球结构体数组，这是由于可能有多个气球
```

② 产生气球

编写一个函数 proballoon( )来完成该功能，气球从下面升起，可使用随机函数 rand( )确定气球从下面可能的几个点出现，颜色可以有几种，由于有多个气球，我们用 balloon[n]（n=0～29）代表其中一个，当 n 超过 29 时，重新从 0 开始。

③ 移动气球、画出气球和擦除气球

编写一个函数 balloonmove( )来完成移动气球功能，关键点是通过循环对所有存活的气球进行位置坐标的改变，超出画面时，将 flag 置 0。同样编写函数 drawballoon( )画出气球，编写函数 eraseballoon( )擦除气球。

（6）炮弹击中气球的处理

当炮弹击中气球时，气球和炮弹都应消亡，我们可以编写碰撞函数 collision( )来完成该功能。主要考虑的是二者碰撞的条件问题，炮弹与气球碰撞的条件如图 9-8 所示：

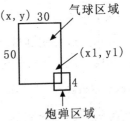

图 9-8　气球与炮弹碰撞的示意图

```
x+30>x1&&x1+4>x&&y+50>y1&&y1+4>y
```

由于气球和炮弹均有多个，所以应使用双循环来检测每一个气球与每一发炮弹是否有碰撞，如果外循环的下标用来遍历每一个气球，那么内循环的下标用来遍历每一发炮弹。

实践训练

根据以上任务分析，完成游戏代码的编写。

任务三 雷电游戏

任务说明

本次任务，要求学生使用 C 语言的画图或图形函数实现雷电游戏，雷电是一款非常经典的游戏，玩家通过键盘控制战机驰骋在空中与敌方飞机进行战斗，如图 9-9 所示。

 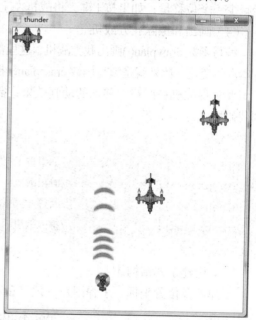

图 9-9 雷电游戏场景

任务实施

（1）构建我方战机结构体

我方战机由 7 张图片组成，如图 9-10 所示，7 张图片的变换显示构成了动画效果。因此，我们需要构建战机结构体：

plan_0.jpg   plan_1.jpg   plan_2.jpg

plan_3.jpg   plan_4.jpg   plan_5.jpg

plan_6.jpg

图 9-10 我方战机图片

```
struct Plan{              //定义战机结构体名 Plan
```

```
    int x,y;                //战机图片左上角点坐标(x,y)
    int Vx,Vy;              //战机 x 和 y 方向的位移量
    IMAGE img[7];           //用来存储战机的图片
    int n;                  //img[]数组下标变量
}plan;                      //定义结构体变量 plan
```

（2）我方战机数据初始化

我们可以编写一个函数 initplan()来完成，这里要注意的是图片的读取需要使用函数 loadimage()，由于 n 代表的是图像数组 img[7]的下标变量，故初始值应设为 0。

（3）我方战机移动

玩家通过键盘控制战机移动，这里假设按 j（106）键控制发射台向左移动，按 l（108）键控制发射台向右移动，按 i（105）键控制发射台向上移动，按 k（107）键控制发射台向下移动。编写函数 planmove()来完成该功能，其中的关键环节，一是通过函数 kbhit()判断是否有按键事件发生；二是使用函数 getch()得到键值，如果按 j 键，将战机左上角点横坐标减少一个位移量；如果按 l 键，将战机左上角点的横坐标增加一个位移量，其他同理。

（4）画出和擦除我方战机

编写函数 drawplan()画出我方战机，这里需要使用 putimage()函数，同时还要考虑战机图片本身的变化。此外就是编写函数 eraseplan()擦除战机，就是用一张背景图片覆盖战机图片。

要实现战机在游戏中移动的动画效果，需要在 main()函数中构建一个循环结构，如下列代码段：

```
While(1){
    planmove();         //如果按了 j 键或 l 键就改变左或右的位移量
    drawplan();         //画出战机
    Sleep(150);         //暂停 150 毫秒
    eraseplan();        //擦除战机
}
```

（5）构建子弹结构体

子弹涉及位置坐标、子弹图片、位移量和存活标志，结构体定义如下：

```
struct Bullet{             //子弹结构体名 Bullet
    int x,y;               //子弹图片左上角点坐标
    int Vy;                //子弹的位移量
    IMAGE img[2];          //存放子弹的图片的数组
    int flag;              //子弹存活标志，1 表示存在，0 表示消亡
}bullet[80];               //定义子弹结构体数组
```

（6）产生子弹

产生子弹就是对子弹进行初始化，我们可编写函数 shoot()来产生一颗子弹，由于存在多发子弹的情况，所以要定义一个整形变量（比如 w）来记录当前初始化的是第几颗子弹（bullet[w]）。子弹产生的位置应在战机的前方，执行函数 shoot()的条件是玩家按下射击按

键时，按键的处理统一放在上述函数 planmove( )中完成。同时每产生一颗子弹，计数变量 w 加 1，w 增加到 79 时，重新置 0。

（7）子弹的移动

子弹在发射后，就应自主地向前移动，我们编写一个函数 bulletmove( )来实现该功能。子弹是在 y 轴向上移动，因此只需要不断改变子弹的 y 值，其位移量是 bullet[w].Vy。同时还要考虑子弹移动超出画面的情况，这时应将子弹 bullet[w].flag 设置为 0，由于有多发子弹的情况存在，故需要使用循环结构对每发子弹进行移动处理。

（8）画出和擦除子弹

我们可以编写函数 drawbullet( )和 erasebullet( )实现画出和擦除子弹的功能，要点一是使用循环结构处理多发子弹的画出和擦除；二是只处理 bullet[w].flag 值为 1 的情况，也就是存活的子弹，子弹的图片如图 9-11 所示。

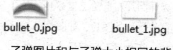

bullet_0.jpg   bullet_1.jpg

图 9-11　子弹图片和与子弹大小相同的背景图片

（9）构建敌机结构体

敌机由一张图片构成，涉及图片左上角点坐标、位移量和存活标志，结构体定义如下：

```
struct Enemyplan{      //敌机结构体名 Enemyplan
    int x,y;           //敌机图片左上角点坐标
    int Vy;            //敌机的位移量
    int flag;          //敌机存活标志，1 表示存在，0 表示消亡
    IMAGE img[2];      /* img[0]存放敌机图片，img[1]存放与敌机大小相同的背景图片，如图
                          9-12 所示*/
}enemy[50];            //定义敌机结构体数组
```

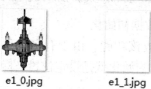

e1_0.jpg   e1_1.jpg

图 9-12　敌机图片和与敌机图片大小相同的背景图片

（10）产生敌机

我们可以编写一个函数 proenemy( )来实现，根据游戏的要求，敌机不断地从上方不同的点出现，并向下移动。为此，我们要考虑敌机在上方出现的随机性，所以要用到时间函数 time( )、随机构造器初始化函数 srand( )和产生随机数函数 rand( )，随机性主要体现在敌机的 x 坐标上。由于敌机是间隔一定时间产生的，我们可以定义一个整型变量（如：m=0）作为计时器，在循环中，m 值每次加 1，当 m 增加到一个确定值（比如 m 为 20）时，产生一架敌机，然后 m 置 0，重新计数。此外，敌机会有多架，所以用变量 n 作为 enemy[50] 数组的下标，确定当前是哪架敌机（enemy[n]），每次 n 加 1，增加至 49 时，n 重新置 0。

（11）敌机的移动

编写函数 enemymove() 来实现，敌机的移动就是不断地改变敌机的坐标 y 值，每次改变量为 Vy。由于有多架敌机存在，故需要使用循环结构来处理每一架敌机位置的变化，同时只处理存活的敌机（enemy[n].flag==1），并且在敌机超出下边界时，将 enemy[n].flag 的值置为 0。

（12）画出和擦除敌机

我们可以编写函数 drawenemy() 和 eraseenemy() 实现画出和擦除敌机的功能，要点一是使用循环结构处理多架敌机的画出和擦除；二是只处理 enemy[n].flag 值为 1 的情况，也就是存活的敌机。

（13）敌机爆炸结构体

```
struct Blast{              //结构体名 Blast
    int x,y;               //爆炸图片左上角点坐标(x,y)
    IMAGE img[7];          //存放爆炸的图片，如图 9-13 所示
    int n;                 //img[]数组下标变量
    int flag;              //存在标记，1 表示存在，0 表示消亡
}blast[10];
```

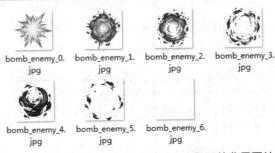

bomb_enemy_0.jpg   bomb_enemy_1.jpg   bomb_enemy_2.jpg   bomb_enemy_3.jpg

bomb_enemy_4.jpg   bomb_enemy_5.jpg   bomb_enemy_6.jpg

图 9-13　爆炸图片和与爆炸图片大小相同的背景图片

（14）敌机发生爆炸场景的数据初始化

编写函数 blasts(int i) 来完成该功能，由于有多架敌机，这里的 i 代表第 i 架敌机（enemy[i]）数组元素下标变量。初始化就是设定位置坐标(x,y)、读入图片、设定 n 和 flag 的值等。

（15）子弹与敌机的碰撞

子弹击中敌机及子弹与敌机发生碰撞，需要进行碰撞判断，碰撞的条件参照任务一或任务二相关内容，当碰撞发生时，应将二者的 flag 标志置为 0，并执行函数 blasts( )。

（16）画出爆炸场景

编写函数 drawblast( ) 画出爆炸场景，由于可能有多个爆炸，需要使用循环结构来完成多个爆炸场景的绘制，同时绘制的条件是 flag 标志为 1，而且绘制的图片是连续变化的。

💡 **实践训练**

根据以上任务分析，完成游戏代码的编写。

任务四　俄罗斯方块游戏

任务说明

本次任务，要求使用 C 语言的画图或图形函数实现俄罗斯方块游戏，玩家可以通过键盘控制方块左右移动、旋转，并填满每一行使其消除。效果如图 9-14 所示。

图 9-14　俄罗斯方块游戏示意图

任务实施

俄罗斯方块游戏，主要涉及场景绘制、俄罗斯方块的绘制及左右移动、旋转、满行消除等。

（1）场景的绘制

场景是绿色的矩形框，绘制方法较为简单，我们可以编写一个函数，比如 sence( )来完成。其中使用填充小方格连接成一个整体，如图 9-15 所示。

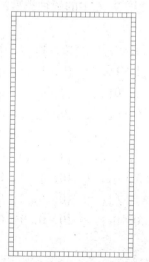

图 9-15　填充的绿色方格连成矩形框

（2）场景中固定俄罗斯方块的表示

俄罗斯方块在落到底部及已固定在场景中的方块上时，就固定在场景中。这些俄罗斯方块需要记录在场景地图中，如图 9-16 所示，我们可以用数组 map[20][10] 来记录，数组元素值为 1 表示场景的该处位置已有方块存在。这样当新的俄罗斯方块形状落下来时，我们可以依据该地图确定新的俄罗斯方块形状何时停下来。

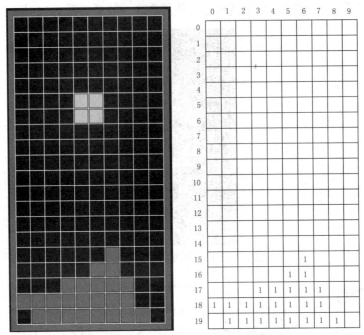

图 9-16　场景中已固定的俄罗斯方块的表示

（3）俄罗斯方块的表示

俄罗斯方块有 7~9 种形状，这里以两种情况为例，如图 9-17 所示，从图中可以看出，有俄罗斯方块的位置用 1 来表示，其他用 0 来表示。这样我们可以用 4×4 的二维数组来表示一种俄罗方块形状的不同状态，图 9-16 中的两种类型的俄罗斯方块的形状可以用下面数组来表示：

```
{{0, 1, 0, 0},      {{0, 0, 0, 0},      {{0, 1, 0, 0},      {{0, 0, 0, 0},
 {0, 1, 1, 0},       {0, 0, 1, 1},       {0, 1, 1, 0},       {0, 0, 1, 1},
 {0, 0, 1, 0},       {0, 1, 1, 0},       {0, 0, 1, 0},       {0, 1, 1, 0},
 {0, 0, 0, 0}}       {0, 0, 0, 0}}       {0, 0, 0, 0}}       {0, 0, 0, 0}}


{{0, 1, 0, 0},      {{0, 0, 0, 0},      {{0, 0, 0, 0},      {{0, 0, 0, 0},
 {0, 1, 0, 0},       {0, 0, 1, 0},       {0, 1, 1, 0},       {0, 1, 1, 1},
 {0, 1, 1, 0},       {1, 1, 1, 0},       {0, 0, 1, 0},       {0, 1, 0, 0},
 {0, 0, 0, 0}}       {0, 0, 0, 0}}       {0, 0, 1, 0}}       {0, 0, 0, 0}}
```

0	1	0	0
0	1	1	0
0	0	1	0
0	0	0	0

0	0	0	0
0	0	1	1
0	1	1	0
0	0	0	0

0	1	0	0
0	1	1	0
0	0	1	0
0	0	0	0

0	0	0	0
0	0	1	1
0	1	1	0
0	0	0	0

0	0	1	0
0	1	0	0
0	1	1	0
0	0	0	0

0	0	0	0
0	0	1	0
1	1	1	0
0	0	0	0

0	1	0	0
0	1	1	0
0	0	1	0
0	0	1	0

0	0	0	0
0	1	1	1
0	1	0	0
0	0	0	0

图 9-17　两种俄罗斯方块形状的四种状态

这样我们可以用 $4 \times 4 \times 4$ 三维数组来表示任意一种俄罗斯方块的形状。

（4）构建俄罗斯方块结构体

俄罗斯方块涉及位置坐标、存放形状的三维数组及当前状态标识，结构体定义如下：

```
struct Block{              //结构体名称 Block
    int x,y;               //4×4 方块的左上角点的坐标(x,y)
    int b[4][4][4];        //存放一种俄罗斯方块形状的四个状态的三维数组
    int r;                 //当前俄罗斯方块的状态标识，可取 0，1，2，3 四种状态
}block;                    //定义结构体变量 block
```

（5）俄罗斯方块在场景中的坐标表示

俄罗斯方块在场景中的坐标表示是程序中的关键环节之一，这里存在坐标转换的情况，对于俄罗斯方块本身来说存在一个相对坐标关系，如图 9-18 所示。这里坐标单位是方块的边长，从图中可看出，圆圈中方格左上角点的坐标与数组元素的下标关系是 x 为列标值 j，y 为行标值 i。

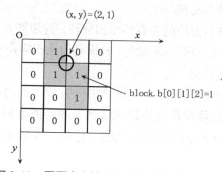

图 9-18　圆圈中方格的左上角点的坐标示意图

俄罗斯方块在场景中的坐标需要坐标变换，如图 9-19 所示，圆圈中方格左上角点的坐标可以通过俄罗斯方块的左上角坐标(3,2)，结合图 9-18 中圆圈中方格左上角点的相对坐标(2,1)可知应为(5,3)。

（6）产生新的俄罗斯方块

一是要考虑随机产生一种俄罗斯方块的形状及状态，二是初始化 block.b[4][4][4]，我们可以设计一个函数 problock()来实现。

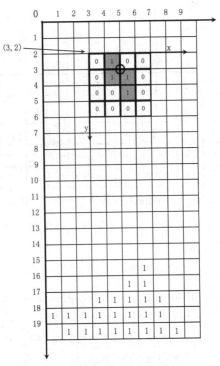

图 9-19　坐标转换示意图

（7）俄罗斯方块的下落和画出及擦除俄罗斯方块

俄罗斯方块的下落较为简单，就是改变俄罗斯方块的 y 坐标值，及 block.x++。在变化的过程中，我们需要不断地画出及擦除俄罗斯方块，可以编写函数 drawblock(int m) 和 eraseblock(int m) 来实现，这里的参数 m 代表的是俄罗斯方块形状当前状态的标识。采用双循环结构来访问俄罗斯方块中的每个小方格。

（8）俄罗斯方块的移动和旋转

玩家通过键盘控制俄罗斯方块的左右移动和旋转，这里涉及使用 kbhit( ) 函数来获取按键事件的发生，在通过 getch( ) 函数获取键值，根据键值来确定向左或向右以及旋转等操作。

（9）俄罗斯方块的碰撞检测

俄罗斯方块落到底部或落到已固定在场景中的方块上面时，就停止下来并固定在场景中，因此，我们需要确定俄罗斯方块是否落到了底部或落到已固定在场景中的方块上面，编写函数 int collision(int m) 来实现该功能，这里的参数 m 代表的是俄罗斯方块形状当前状态的标识。

（10）场景地图的标记

当俄罗斯方块在场景中固定下来后，需要将其标记在场景地图中。根据函数 collision( ) 确定俄罗斯方块应停在何处，并将其所在的位置的每一个小方格标记为 1，编写一个函数 setmap(int m) 来完成。

（11）画出已固定在场景中的小方格及擦除小方格

根据场景地图 map[20][10] 中元素值为 1 来画出场景中的固定小方格，同理擦除场景中的小方格，编写函数 drawmap( ) 和 erasemap( ) 来实现。

（12）消除满行的方块

当一行填满后，根据游戏规则需要消除满行，编写函数 deline( )来实现。

实践训练

根据以上任务分析，完成游戏代码的编写。